服装实用技术·应用提高

礼服设计与立体裁剪

孙　云　编著

中国纺织出版社有限公司

内 容 提 要

本书内容全面，采用文字描述与图片相结合的方式系统地讲述了礼服的设计以及立体裁剪方法，主要包括礼服概述、设计方法、造型设计、材料与选配、礼服造型的构成方法，以及小礼服、晚礼服、婚礼服、创意礼服的立体裁剪等内容。全书图文并茂、由浅入深、裁剪步骤详细，各类礼服立体裁剪设计均有分步骤图解说明。

本书涵盖了很多经典实用的礼服设计和立体裁剪方法，适合服装设计师、服装制板师、高等院校纺织服装专业学生和服装爱好者阅读学习。

图书在版编目（CIP）数据

礼服设计与立体裁剪 / 孙云编著. -- 北京：中国纺织出版社有限公司，2020.6（2023.2重印）

（服装实用技术. 应用提高）

ISBN 978-7-5180-6804-3

Ⅰ. ①礼⋯　Ⅱ. ①孙⋯　Ⅲ. ①服装设计②立体裁剪

Ⅳ. ① TS941.2 ② TS941.631

中国版本图书馆 CIP 数据核字（2019）第 217483 号

策划编辑：朱佳媛　张晓芳　　责任编辑：张晓芳
责任校对：楼旭红　　　　　　责任印制：何　建

中国纺织出版社有限公司出版发行
地址：北京市朝阳区百子湾东里A407号楼　邮政编码：100124
销售电话：010—67004422　传真：010—87155801
http：//www.c-textilep.com
中国纺织出版社天猫旗舰店
官方微博 http：//weibo.com/2119887771
三河市宏盛印务有限公司印刷　　各地新华书店经销
2020年6月第1版　2023年2月第2次印刷
开本：787×1092　1/16　印张：11.25
字数：132千字　定价：58.00元

前言

礼服作为一种在正式社交场合穿着的特殊服装，不仅代表了穿着者的身份、地位、品位等，还体现了穿着者彰显个性和追求时尚的生活方式。随着经济的发展和生活水平的提高，人们对礼服的需求趋于个性与内涵兼备、舒适与美观并重，更高的要求促进了礼服设计水平的提升与礼服造型技术的进步。而立体裁剪自身具有的优势则为礼服的立体造型提供了有力的技术支撑。本书将礼服的造型设计与立体裁剪密切结合，重点培养设计师对礼服造型的设计、分析与塑造能力。同时本书还注重理论阐述与示范操作相统一，艺术造型与表现技法相协调，力求反映现代礼服设计的综合性、艺术性、技术性和时尚性。

全书共9章，内容分为上、下两篇。上篇为礼服的设计，下篇为礼服的立体裁剪。上篇分五章，主要内容包括：礼服概述、礼服的设计方法、礼服的造型设计、礼服的材料与选配、礼服造型的构成技法。在知识体系上以理论为主，采用了"科学、融合、创新"的原则，注重知识、能力、素质协调发展。对每一章的重要知识点均以案例的形式系统讲解，图例款式新颖，创意思维强。通过对各种类型的案例分析，提供给读者学习的方法，以此启发读者的创造性思维，并在掌握技巧表现的基础上提高设计能力和艺术审美眼光。下篇为本书的第六章、第七章、第八章、第九章，即礼服的立体裁剪部分，主要内容包括：小礼服的立体裁剪、晚礼服的立体裁剪、婚礼服的立体裁剪、表演服的立体裁剪。章节编排遵循学习规律，文、图对应表达，说明详尽、规范，注重可操作性与实用性，便于读者上手，积累经验。同时，在正确塑型的基础上，对造型细节的调整尽可能地量化，使操作者心中有数，逐步具备调整造型、改善造型美观性的能力，进而提升对美的认知，发现美、表达美、创造美，以便进行创新设计。

本书在编写过程中，参考了许多著作、论文及网络资料与图片，在此表示深深的谢意！特别感谢太原理工大学轻纺工程学院刘锋教授的指导和帮助。编写期间李梦蝶、何梦瑶、李菁、李丽娜和张鹏波等几位同学参与了款式采集、图片整理等工作，在此一并感谢他们的辛苦付出。

由于编者水平有限，本书中难免有疏漏和不妥之处，敬请服装界专家、院校师生和广大读者予以批评指正。

作者
2020年5月

目录

上篇 礼服的设计

下篇　礼服的立体裁剪

上篇

礼服的设计

第一章　礼服概述

第一节　礼服的概念

礼服也称社交服，是指某些重大场合上参与者所穿着的庄重而且正式的服装，具有表现一定礼仪和信仰的功能，在一定的历史范畴中，受社会规范所形成的风俗、习惯、道德等的影响和制约。广义的礼服包括古代正式的服装、民族类礼服，按职业可划分为包括学位服、军礼服、法庭礼服等在内的适用于正式场合下穿着的服装，体现高雅、隆重、庄严的风格。狭义的礼服是指将以上列举的若干服装排除在外，源自欧洲的国际化服装样式和文化，即近现代国际正式服装与社交的交集，如男性燕尾服、女性晚礼服、婚礼服等。

本书所提及的礼服，更多地指女性的各类礼服，主要以西方传统女性礼服样式为基础，在世界范围内被广泛接受和认可，是女性出入社交礼仪场合必着的服装。作为女装中档次最高的服装，礼服是高级定制服装中最璀璨、最耀眼的明珠，它独特的艺术魅力已被看作是个人身份地位的象征以及气质、文化修养和审美观念的表达，充分展现着装女性的高雅品位、个人魅力和追求时尚的生活方式，一直受到女士们的青睐。当下，随着社会经济文化的不断发展，人们物质、精神生活水平的不断提高，女性参加社交活动越来越频繁，作为一种正式的社交礼仪服装，礼服在当今社会中扮演着越来越重要的角色。在正式的时尚宴会场合上，身着礼服的女性总会引起各界时尚媒体的高度关注，而最为人们津津乐道的便是礼服在女性身上所展现出来的婀娜多姿、妩媚柔美的美感。一件礼服是否具有塑造女性人体、展现着装者精神气质的美感总是备受公众瞩目，更是当代女性在挑选礼服时首要考虑的重点因素，如图1-1所示。

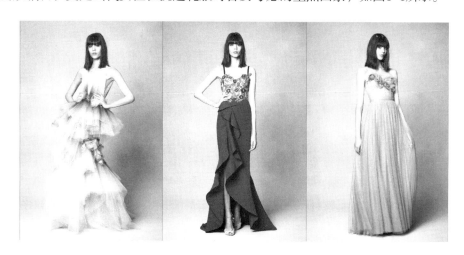

图1-1　Marchesa2018早春礼服系列

现代女性礼服的基本款式一般是以裙装为主，通常讲究上紧下松的廓型，同时外形强调扩张感与凹凸变化，塑造女性柔美的身体曲线。礼服如同软雕塑，其整体之美不仅要展现它匠心独运的瑰丽造型、精美华丽的面料、高贵典雅的色彩及精巧别致的装饰，而且也要着重体现它本身的结构之美。精致独特的结构是礼服的核心灵魂，是塑造人体造型、体现着装者美感的精髓所在。一直以来，礼服设计大师正是通过感性与理性、艺术性与科学性相结合的精心设计，在着装者和礼服结构中找到适当的平衡，突出人体的优美特征，掩饰人体的缺陷，使礼服具备独一无二的结构美，才给着装的女性塑造了理想的形体比例和近乎完美的体态，营造出人体和礼服的和谐关系，令着装者和观赏者都赏心悦目，如图1-2所示。

图1-2　礼服的结构美感

　　无论是传统礼服还是现代礼服，其穿着目的均在于表现参加仪式活动的心境，也是对他人及自身尊重的表现。因此，礼服的款式、色彩、风格等要根据场合、时间和使用目的综合考量，以适合礼仪活动的格调和气氛。礼服在分类上并没有严格的定位标准，如根据穿着场合隆重与否，分为正式礼服、准礼服和略式礼服三类；根据穿着时间又可分为日间礼服和晚礼服两类；根据艺术风格可以分为简约风格、浪漫风格、华丽风格、俏丽风格和性感风格等。无论何种分类，女性礼服的属性和职能更需要紧紧结合女性的特点进行继承和创新。

第二节　礼服的产生与发展历程

一、西方礼服发展

　　现代礼服的设计元素，可能更多地继承了西方古代礼服的精髓。礼服的起源可以追溯到公元前2000年～公元前1000年的爱琴文明时期。19世纪克里特遗迹被发掘，出土了一批精美的妇女雕像和壁画，妇女的衣着基本是上衣和裙子组合的上下分离式。上衣很短，立领，领口开得很大，整个乳房全部裸露在外，开放到极点，衣襟在乳房下系合，从下面托起丰硕的双乳。腰部被很宽的腰带勒得很细。裙子为一段一段接起来的下摆宽大的吊钟状"塔裙"，如图1-3所示。这种服饰形象为西方礼服奠定了基础，成为礼服的早期形式。

　　16世纪文艺复兴时期人们追求个性，反对禁欲主义的思想愈加强烈，此时的服装更多地表现人体的形体美和曲线美，摒弃了中世纪时期服装结构的封闭性和造型上的宽大特征，服装膨大挺括的特征在文艺复兴时期达到了顶峰。这一时期，服装性别出现了极端分化，女子通过上半身胸部的袒露和紧身胸衣的使用与下半身膨大的裙子形成对比，表现出胸、腰、臀三位一体的女性特有的性感特征，如图1-4所示，其中裙撑的广泛应用和多层裙装的流行，奠定了女子礼服上下分裁、两段式结构的形式，与紧身胸衣、填充物的结合使得女性服装外轮廓为X型，这些特点对礼服的影响一直持续至今。

　　17到18世纪风靡欧洲富丽豪华的巴洛克艺术与轻便的洛可可艺术，最大限度地显现和推动了礼服壮丽、隆重的风格。蕾丝、花边、缎带、刺绣等在女服上的装饰达到极致，尽显宫廷之风，如图1-5、图1-6所示。

图1-3　持蛇女神

图1-4　文艺复兴时期的礼服

图1-5　巴洛克时期的礼服

图1-6　洛可可时期的礼服

　　巴斯尔时代，女服中矫揉造作的膨大式样开始消失，裙子棚架由衬裙代替，坚硬的胸衣逐渐柔软，女装又一个特色即拖裾产生。拖于身后，这就是"拖尾晚礼服""拖尾婚纱"之先祖。到18世纪末，女服样式与风格开始改变，裙撑消失，出现了多种风格，礼服发展趋向多元化，如图1-7所示。

图1-7　巴斯尔样式

19世纪是一个精彩纷呈的时代，新古典主义、复古主义、浪漫主义使得服装有了多元化的发展。在晚礼服的面料中出现了绸子、缎料、高级平纹布、网状薄纱等。服装分类更清晰，使得礼服成了一种特征鲜明的门类并被分离出来，如图1-8～图1-10所示。

图1-8　新古典主义时期的女装　　图1-9　浪漫主义时期的女装　　　　图1-10　1879年的晚礼服

进入20世纪，"性感""人体健美"的风气逐渐解放了女性，S型形成了标准服式。晚礼服采用紧身胸衣，手臂、胸部以上完全暴露。礼服中的色彩、面料也不断变化翻新，礼服造型中的"鱼尾裙"在一战期间正式出现。20世纪60年代，一种无袖、裙长及膝盖的晚礼服出现在舞会中。20世纪70年代后期世界服装进入无主流的时代，世界高级成衣在这一期间处于繁荣时期，礼服的概念也完全清晰化，而且多样化、自由化，并与成衣不断交融。礼服成为个人的自我表现工具，体现女性的完美曲线，如图1-11～图1-13所示。

图1-11　1901年女性礼服　　图1-12　1944年葛莱夫人设计的晚礼服　　图1-13　1970年圣洛朗设计的晚礼服

二、我国礼服发展

中国自古便是一个礼仪之邦、衣冠古国，服饰和礼仪一开始就紧密地联系在一起，彼此相互依赖、相互影响着，共同构成了华夏民族文化的核心和精华。中国古代礼仪服饰可以追溯至夏商时期，这一时期的冠服制度已初步建立，如祭祀时着祭服，朝会时着朝服，婚嫁有吉服，从戎有军服。从周代开始冠服制度逐步完善，并被纳入了"礼治"的范围，成为礼仪的一种表现形式和人们彼此确认"身份"的标识，如图1-14所示。

图1-14　周代的礼服

秦始皇在完成统一大业的同时，也进一步使服饰更加规范，体现了等级制度。秦汉妇女礼服，仍承古仪，以深衣为尚，内着禅衣。作为该时代女子的礼服"深衣"，其形制的每一部分都有其独特的寓意，比如在制作中先将上衣下裳分裁，然后在腰部缝合，这是为了尊祖承古；采用圆袖领，以示规矩，寓意做事要合乎准则；水平的下摆线，寓意处事要公正、公平，如图1-15所示。到西汉时期流行的深衣礼服的形制为曲裾。曲裾深衣通身紧窄，长可曳地，开襟是从领窝斜至腋下，下摆一般呈喇叭状，行不露足。衣袖宽窄两式，多镶边。衣领相交，必露里衣，如图1-16所示。汉代以后内衣的改良，繁复的曲裾逐渐被简化的直裾取代，成为深衣的主要模式。直裾的开襟从领向下垂直，剪裁中前后大身部分为方形平直的布幅，如图1-17所示。

图1-15　彩绘陶俑

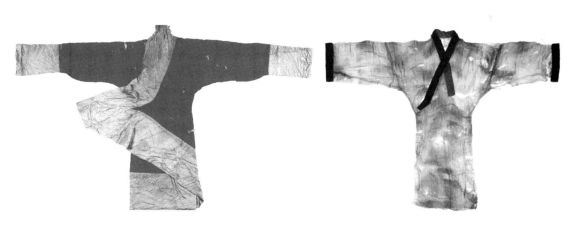

图1-16　马王堆朱红菱纹罗丝锦袍（曲裾）　　　　图1-17　马王堆素纱禅衣（直裾）

　　汉代四百年间仍继续保留这一制度的遗制。魏晋南北朝时期是一个动乱分裂的时期，南北民族连年战争，政权频繁更迭，导致人口的大批迁徙，也同样带来了各民族的交流与融合。由于北方统治者对汉族文化的重视和提倡，传统的冠冕衣裳被保存下来，并一直沿袭至明代，魏晋时期妇女服饰承继汉代风格并吸收少数民族服饰，此时的女式曲裾深衣已有所改变，下摆施加髾，腰部加围裳，从围裳伸出长长的飘带，走动时摇曳飘逸，如图1-18所示。

图1-18　魏晋南北朝的礼服

　　到了清朝，服装在保留本民族习俗礼仪的同时吸收了汉族服饰中的一些特点，但彻底废弃了冠冕衣裳为祭祀之服，以及通天冠、绛纱袍服的传统制度。具有浓厚民族色彩的冠冕衣裳开始诞生，经历了两千多年的变迁，至此告终结。镶边、滚边、彩绣是清代女子服饰工艺的一大特色，如图1-19所示。

图1-19　清代女子服饰

1840年后受西风东渐的影响，西式服饰和西方礼仪正式步入中国人的生活，许多沿海大城市，尤其是上海，得西方风气之先，服饰开始发生变革，尤其是女性服饰。

20世纪20年代至40年代末，中国旗袍风行了二十多年，款式几经变化。旗袍裁剪吸收了西式服装的裁剪结构，30年代末出现了富有中国特色的改良式旗袍，突出女性人体曲线特征，衬托端庄、典雅、沉静、含蓄的东方女性美。此时的礼服设计摒弃了传统专制等级和男尊女卑的文化糟粕，开始向民主、开明、平等的现代社会文化过渡发展。旗袍成了这个时期中国女性的标准服装，更是成为交际场合和外交活动的礼服，如图1-20所示为民国时期礼服。

图1-20 民国时期礼服

新中国成立后，直到改革开放，随中国国门的开放和经济的飞速发展，现代礼服在中国人的社交生活中也扮演着重要的角色。礼服设计融入了世界流行趋势，注入了服装设计师的智慧。礼服的造型、面料、图案等丰富多彩、变幻无穷，展现了简洁、舒适、时尚、个性、文化的特色，反映出人们对更高生活品质的追求、价值观和自我个性的表达，带给人们更多的是一种自我肯定和精神上的愉悦，如图1-21所示。

图1-21 现代礼服

第二章　礼服的设计方法

　　在日趋个性化、多元化的时代，礼服作为最具服装文化艺术与工艺技术的代表性服装，其设计语言日益独特，设计方法也从不同视角、不同层面和方向不断变化和发展。随着人们不断追求新的观念、新的风格，尝试新的形象、新的生活方式，礼服的创新设计也需要寻找综合创新设计发展的新思路。不仅要对造型、色彩、图案等基本设计元素创新，还应该思考对文化的传承和借鉴，以及与新时代、新潮流的融合等，这些皆为传达现代礼服设计理念的重要设计方式和途径。

第一节　现代礼服的传承和借鉴设计

　　礼服是最能体现传统文化和现代文化内涵的服装，其设计空间非常广阔，中国传统文化与现代设计风尚相融合，继承和创新相统一是当前礼服设计的发展趋势。中国传统文化自身固有的民族特色以及蕴含的文化价值，如果能在礼服设计时合理地传承和借鉴，将会让礼服设计焕发出更加璀璨的光芒。

　　中国文化具有天人合一的哲学思想，讲求形与神的并重性，具有典型的艺术性特征、夸张性特征、象征性特征、写意性特征。中国传统文化在礼服设计中的继承和创新，首先，要深刻理解和把握民族美学个性及各元素的风格特色；其次，需要设计师对当代审美观念和流行风尚具有敏锐的洞察力，形成从内涵到外延的创造与更新。将传统与现代、中国与西方相结合既要在情理之中又要在意料之外，并按照合理优美的比例和方式相互共存。这种贯通古今、中西融合的方式其实是在提炼一种中国精神，以一种全新的模式展现中国传统文化风韵，形成新的东方美学，并使民族风格的服装设计更加多元化，更具现代感。

一、古为今用——传承

　　古为今用是指弘扬古代的精粹，使之成为现今有用的东西。在当今多元文化的交融下，许多本土服装设计师坚持在时尚设计中渗透文化与艺术内涵，致力于传承中国传统文化和审美意趣，同时充满创新精神，以适应和引领新中国的现代生活方式。

　　例如，一直在试图打破古代与现代、传统与时尚等不同维度次元壁的"楚和听香"，始终在捕捉意境与神韵的形式之上进行现代的表达，保持着自然质朴且耐人寻味的人文感。楚艳作为"楚和听香"的设计师，在她的设计作品中，无论是当代中国色彩体系的建立，还是新品中不断融入的传统意象，以及对传统织造工艺的探究，都一直在诠释着中国的审美精神。如图2-1所示，楚艳在中国国际时装周上发布的作品古风古韵，神韵写意。在作品中我们看不到来自西方时装语系的明显造型语言，也看不到各种所谓当代艺术或未来探索的零乱夸张搭配，更没有摇滚的乖张、野兽派的疯狂和拜占庭式的华贵，一切都是淡淡的、轻轻的，在虚灵中有凝实，在空旷中融丰富。她从研究和复原敦煌莫高窟壁画上的唐代供养人服饰中发掘灵感，从中挖掘和整理出经典的大唐服饰元素，创作出最新的系列作品。高腰襦裙、大袖短袄等经典的唐代服制在保留原有形态神韵的基础上，以更现代、更简约的时尚设计手法呈现。更加打动人心的是每件单品的制作都是现织现染，从面料上就在进行创造性的设计。放弃国际流行色趋势，扔掉色卡，根据传统染色体系进行手工染色，让色彩看起来更加绚丽优雅，而气质则低调质朴，带有浓厚怀旧味道。

图2-1 "楚和听香"楚艳时装周大秀设计作品

又如，有着唯美中国风、意象之美、古道柔情的"盖亚传说"，致力于传承中国智慧美学和精湛的服饰工艺，并始终坚持将原创精神转化为独特的服饰美学文化。"盖娅传说"将自然之道融入道法自然的哲学慧思，将生命之美与灵性智慧融于现代设计天人合一的精妙构思，实现了传统艺术神韵与西式表现手法的完美结合，既内敛含蓄，又时尚大气。熊英作为"盖亚传说"的设计师，她的设计作品从中国古典文化汲取灵感，利用中国传统文化艺术手法与西式立体空间相结合，形成大气、飘逸、禅意的风格。如图2-2所示，盖亚传说在国际各大时装周上，大放异彩，向西方人传达东方韵味之美。在中国风的运用上面，熊英的设计并没有直白地把中国元素堆砌在服装上，而是把元素恰到好处地分散在各个单品上，少而精，淡雅高级，凸显东方美的独特韵味，如图2-2（a）、图2-2（b）所示。图2-2（c）所示服装采用了现代感的改良设计，在旗袍的领口设计、汉服结构的剪裁以及不那么夸张的刺绣等方面，提炼出中国传统服装的精髓，让礼服的美更加富有多样性。图2-2（d）、图2-2（e）所示服装在非物质文化遗产的服饰工艺上，运用了缂丝、苏绣、帝王御用的盘金绣以及手绘技艺，可以说精致华美。图2-2（f）所示服装使用渐变、墨染的工艺将春天的青色表现出来，印花图案取材自然山水花木和鸟兽，给人一种春天丰盈的感觉，而行走在T台之上的模特就像不食人间烟火的仙女，一袭青衣女子穿梭于自然万物之中，中国传统写意精神跃然而出。

（a）　　　　　　　　　（b）　　　　　　　　　（c）

（d）　　　　　　　　　（e）　　　　　　　　　（f）

图2-2　"盖亚传说"熊英时装周大秀设计作品

二、洋为中用——借鉴

洋为中用是指批判地吸收外国文化中一切有益的东西，为我所用。中国文化与西方文化之间的融合、碰撞是时代发展的必然趋势。中西合璧式的礼服更是中西服饰文化互相交流、互相补充、共同吸收和借鉴的结果。中式礼服善于表达形与色的含蓄、朦胧、隐含寓意，注重精细的艺术手法和精湛的工艺表现，大量采用刺绣、飘带、吉祥纹样等装饰手法。旗袍的整体给人以端庄稳重、美观高雅的淑女感觉，它和西式礼服相比具有稳定、平衡、自然而富有装饰的特点。西式礼服强调女性人体曲线，薄、透、露的材料运用无不体现出西方服饰观念，通过服饰尽显人体美，展现自我，突出个性。中西合璧式礼服的设计，就在于把握中西两种服饰文化理念的融合，既要符合中国人的审美情趣和习俗，要遵循中式礼服的传统美感和风貌，也要体现现代女性自然、高雅的展现自我风采的着装风格。因此，在借鉴西方服饰文化元素的过程中要学会"扬弃"，用扬弃的方式缓和中西不同元素之间的矛盾，使其和谐统一。

图2-3 NE·TIGER高级华服

例如，中国著名的服装设计师张志峰，以擅长"中国风格"高级定制而名扬海外。在NE·TIGER高级华服的发布会上，他所设计的礼服作品以其"融汇古今，贯通中西"的设计理念创造出NE•TIGER"高贵"的奢华风格,将更传统、更民间的服装制作技艺与西方构筑式的立体的多层次造型相结合,创造出了现代礼服瑰丽的造型和独特的魅力,同时也体现了中国高级定制的独到之处。如图2-3所示,礼服是以波浪型造型和褶裥型造型作为造型要点的现代礼服,通过叠加、环绕等造型方法最终形成立体感强、变化丰富和饱满的褶饰设计,在外观上具有强烈的韵律感和节奏感;色彩图案则传承和借鉴了传统服饰的浓艳色彩以及美轮美奂的刺绣图案,这些设计符合现代审美的艺术精神及表现形式,在与现代礼服设计相融合中极大地体现了礼服的高雅华贵,同时也突出了中国元素的风格与特征,展现了传统服饰的魅力,使中西融合的华服设计更具时代感,更加国际化。

又如劳伦斯•许在2015年米兰世博会南京周举办的云锦大秀上发布的以皇家云锦面料制成的、融合千年历史和当代时尚元素的高定华服。南京云锦是中国传统的丝制工艺品,它浓缩了我国丝织技艺的最高精华,代表了丝织工艺的最高成就。此次大秀中劳伦斯•许改变了以传统刺绣为主要工艺技法的设计手法,应用云锦面料本身的特色,配合现代时尚流行的礼服款式,并在局部稍加刺绣图案装饰,简洁大气、华丽无比。

图2-4(a)所示礼服是上下衣搭配的套装。上身借用中国传统旗袍的上衣原型,加宽立领设计宽度,加大领开,胸侧上部添加蝴蝶刺绣图案装饰;下身为叠褶大A字裙,该裙身面料采用了民族花卉传统图案元素,经手工织造定制完成。云锦面料的花纹图样、颜色搭配及精湛手工本身成就了礼服奢华绚丽、高级优雅的特性。图2-4(b)所示礼服本身的表现重点也在于织锦面料高级华丽的特性,只是在裙摆处加零散的立体花朵装饰,起到与上身花朵图案呼应的作用。一款礼服面料从最初的纹样设计、绘制、制造,再到最后的整理完工需经历120多道工序,制作周期长达一年之久,其以"高级定制"的形式展现在国际舞台,向全世界展示了中华云锦的无限魅力。图2-4(c)所示礼服运用现代审美将中国色彩图案与洛可可风格礼服设计相结合,展现极致、精美、奢华的中国风格。

(a)   (b)   (c)

图2-4 劳伦斯•许2015年南京周云锦大秀作品

第二节 现代礼服的创新设计

现代礼服设计在造型、面料、色彩及配饰上都具有强烈的时代气息，在创新设计的过程中又运用多种设计手法，表现新的审美观和价值观，力求使礼服的形式丰富多彩，从设计师对设计要素的处理方式来看，主要分为以下两类。

一、解构法

解构就是将人们熟知的事物有意识地视为陌生，将完整的形体有意识地破坏，从中仔细寻找、发现新的特征或意义；或者将破坏后的事物重新组合，组成新的东西，获取新的意义。解构不代表破坏、摧毁，而是一种重构后的革新。其核心是破旧出新，在颠覆传统的基础上创造更为合理的结构。通常在打散重构的过程中，设计理念是始终不变的，解构其实更多的是一种积极的重构。

如今解构主义的礼服风格越来越多样化，礼服创新设计中解构法的运用也渐渐改变了传统礼服的固有形式。它不追求对女性身体曲线的展现，也不过于讲究结构上的严谨性，它追求一种随意性和洒脱感，通过复杂多变的解构手法与不同的设计视角，使柔美的礼服获得新的生命力。

图2-5 礼服的廓型解构

如图2-5所示，在礼服廓型的解构中，往往采用断裂、分割、再组合或者拆解拼接的设计手法与原有结构形成具有创造性的冲突与矛盾。这种手法常常跳出传统的审美观念，打破原有的秩序与规则，力求避免在结构上出现对称。没有了固定的条条框框的束缚之后，运用解构处理形体结构与尺度就十分自由与随性了。

礼服中解构思想还常常表现为结构的失重，即利用不对称、倾斜、弯曲、扭转等解构手法来构造出一种失衡的状态，呈现出一种好似将要移动、错位、歪斜甚至坍塌的不安全形态，但有时也会产生出一种灵动、轻巧、活泼的视觉效果，如图2-6所示。

图2-6　结构的失重

　　除了在礼服造型上运用解构法之外，在材料上的创意也会运用它带给人们感官上的不同享受与刺激。亚历山大·麦昆在设计中对材料的解构表达得非常明显，他打破了一些传统的审美习惯、着装常识和固有风格，并且对面料进行加工，同时打乱传统服装材质的组合秩序，如用羽毛作为面料塑造服装的整体造型［图2-7（a）］，皮质面料和黑色纱材质进行拼接［图2-7（b）］，大片绒毛状造型装饰整体结构［图2-7（c）］，轻柔的雪纺和厚重的面料进行拼接组合［图2-7（d）］，他总是从各种对立的要素中寻找组合的可能性。

　　亚历山大·麦昆不介意尝试任何可能尝试的元素，并且能够通过这种尝试带来全新的解构震撼。经过对各种元素无休止地解构重组，使不同材质的拼接组合看上去都天衣无缝。他认为将叛逆和矛盾表达出来的最好办法就是把它们重新组合在一起，而这些重组的元素往往会让人们感到惊奇不已。

(a)　　　　　　　　(b)　　　　　　　　(c)　　　　　　　　(d)

图2-7　拼接堆砌元素解构造型

二、夸张变形法

　　夸张变形，是对某些元素进行超乎实际的扩大、缩小、变形，突出该元素的美学特点，表达设计的独特和潜在的情感意蕴。如采用大的更大小的更小、长的更长短的更短、厚的更厚薄的更薄、粗的更粗细的更细、宽的更宽窄的更窄、松的更松紧的更紧等变形手法在面料、造型中的变化极限，形成服装设计强烈的形式美对比。经过夸张与放大的艺术加工处理后的元素更具内在张力和视觉冲击力，能够使服装更具感染力和吸引力。夸张变形法在礼服设计中的应用更多为多层次造型。多层次造型其实是三维立体造型的一种，应用在礼服设计中不仅在廓型上给服装带来全新的颠覆，而且在局部上赋予礼服丰富的细节演绎。

　　多层次礼服通常运用多层的面料在整体或局部上进行重叠立体造型，通过空间距离排列、材质肌理对比等形式可以获得层次变化丰富的视觉冲击效果，创造有序、灵活、丰盈的造型。

　　如图2-8（a）所示，礼服上半身的设计非常简洁，整体设计的重点在臀部规则的多层次立体造型设计。其造型方法采用有序空间距离斜向排列，即面料层次之间的排列有固定的距离、方向，营造服装面料空间感，形成秩序、规律的美感如图2-8（b）所示，多层次造型的设计在上身运用向下趋势的层次造型方法与下半身不规则的折叠相结合，形成的效果参差变化如图2-8（c）所示，上衣的造型方法采用无序空间距离排列，构成疏密、宽窄、凹凸、连续的变化。

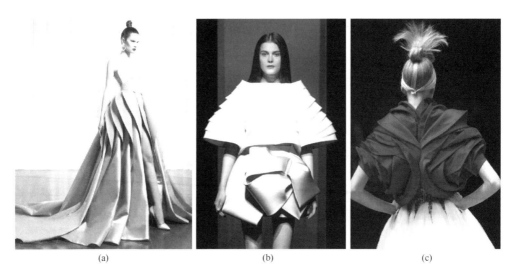

（a）   （b）   （c）

图2-8　多层次礼服造型

多层次造型的运用，另一个重要的手法就是在材料上增强肌理对比效果，以此来拓宽新的设计领域。随着面料科技的发展，面料外观、成分、质感、式样的更新，以及礼服在材质上的创新设计手法越来越多，面料的组合、再造、装饰等细节成为礼服设计的一个重要趋势，也是设计师们彰显设计才华和创新才能的一个切入点。材料肌理效果主要分为整体肌理效果和局部肌理效果两种。如图2-9（a）所示，礼服设计运用卷曲的花瓣前后重复叠加进行夸张的多层次的立体造型，形成面料装饰肌理变化，营造出独特的视觉效果，使礼服整体体现时尚、自由与浪漫的风格。图2-9（b）所示礼服设计，利用面料之间的折叠、褶皱进行夸张的多层次的立体造型，营造出整体或局部的肌理效果，使礼服造型别致、层次丰富、充满活力。

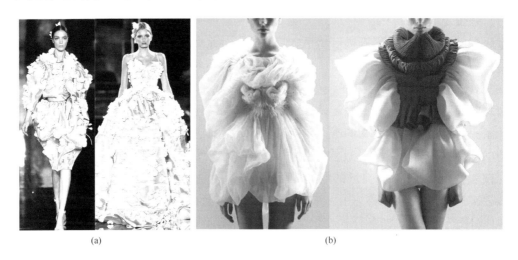

（a）   （b）

图2-9　在材料上增强肌理对比效果

第三章　礼服的造型设计

　　礼服是具有强烈的实用性和艺术性的礼仪类服装，它以裙装为基本款式特征，是在一定礼仪场合穿着的服装，需要突显华贵、典雅和夸张的立体造型设计效果。礼服的设计作为一门视觉艺术，其造型是设计的主体，并且具有很强的时代感和流行性。

　　礼服的造型多样，特征也多元化。在设计中运用对比和夸张的手法强调艺术性和装饰性；借助材料的特殊性能和别出心裁的立体表现手法，增添精致优雅的艺术魅力；丰富的礼服细节，迎合个性化的着装观念。

第一节　礼服的廓型

　　廓型是指着装状态的外部轮廓，即"外廓型"或"外形"，它包含着整个着装姿态、衣服造型以及所形成的风格与气氛，是主导礼服产生美感的关键的表现要素，同时也是影响礼服设计的首要依据。礼服的廓型设计不仅随着比例的变化而改变其外观，而且还会因形与形、形与体、体与体的相互组合，使礼服的外观形态产生丰富的变化。

一、廓型的分类

　　廓型按其不同的形态，通常有几种表示方法：一是字母型表示法，是以英文字母形态表现礼服造型特征的方法，如H型、X型、A型、O型、T型等。二是几何型表示法，是以几何形态表现礼服造型特征的方法，如椭圆形、长方形、三角形、梯形等。三是物象型表示法，是以具体的象形事物表现礼服造型特征的方法，如郁金香型、喇叭型、酒瓶型等。四是专业术语表示法，是按某些常见的专业术语命名表现礼服造型特征的方法，如公主线型、细长型、宽松型等。礼服设计随设计师的灵感与创意千变万化，礼服的廓型就以千姿百态的形式出现。每一种廓型都有各自的造型特征和性格倾向。本书根据礼服造型特点，采用字母型表示法表示廓型。所谓字母命名，其实英文的26个字母中几乎所有对称的字母都可以用来表示服装的廓型。在长期的礼服设计实践基础上，逐渐沉淀下来人们较为认可的廓型类型有A型、X型、H型、O型和S型。这些字母型表示法的主要功效以最简单的方式最直观地将礼服廓型的特征传递出来，如图3-1所示。

A型　　　　　X型　　　　　H型　　　　　O型　　　　　S型

图3-1　礼服廓型（字母型表示法）

二、廓型的设计原理

廓型分类之间并不是独立存在的，互不联系，其实改变基本廓型的某一部位就会形成向另外一个廓型转变的趋势。例如，H型的两条直线向内凹时趋于X型，上宽下窄时就成了T型或倒三角形，左右的两条直线向外凸时，呈酒桶型、钟型、椭圆形；X型的交点变宽时（腰身放宽）就趋于H型；A型下摆稍加变化，就会形成O型般可爱的"蓬蓬裙"等。因此，英国学者C.W.Cunnington曾经也提出服装廓型只有X型和H型两种类型，并且认为X型是女服的代表造型，H型是男装的代表造型，两者之间相互交流变化，派生出许多各具特色的外廓型。由此可见，千变万化的服装外形其实是可以灵活改变的，也就是说我们在一个基准形上通过有意识的控制重点部位的松量变化是能够改变服装廓型的。

三、特殊廓型设计

通过改变礼服的廓型，能体现不同的礼服风格，随着时代的发展，礼服风格和表现手法日趋丰富，从而导致了礼服廓型的多样性。我们在设计构思的时候，不妨按照人体比例制造出一些基本的图形，如方形、长方形、圆形、三角形、椭圆形等，将这些几何形进行反复拼排练习廓型设计。在拼排过程中可以大胆的设想，不一定要附于人体本身，但是要注意比例与尺度、节奏与韵律、平衡与对称等形式美法则的运用。这样有了基本廓型的理解，我们就能够从中组合、变形、衍生产生出众多的礼服廓型，如复合型廓型、相互叠加的廓型等，并由此产生新的视觉效果和新的情感内容，如图3-2所示。

图3-2 特殊廓型设计

第二节 礼服的局部造型

礼服的局部造型手法形式多种多样，如褶饰、缝饰、编饰、镂空、缠绕等，这些手法可以改变面料的表面肌理状态，使面料产生凹凸的肌理效果，增加礼服的层次感、浮雕感、立体感。根据现代礼服的外观特点，其局部造型可以归纳为紧身造型、褶饰造型、花卉造型。

一、紧身造型礼服

紧身造型礼服是强调女性身体自然曲线美的造型设计。如图3-3所示，这种展现人体曲线的紧身造型是现代晚礼服、婚礼服中常用的造型设计，通常是用曲线分割的方式达到紧身贴体的效果，呈现流畅的身体曲线。

二、褶饰造型礼服

褶饰造型礼服是根据面料性能和设计构思将服装的表面处理成褶皱形态的设计。褶饰造型往往需要采用质地柔软、悬垂性好的面料，如绸类丝织物，这种质地的面料易于形成自然、丰满、富有变化的褶纹效果，如图3-4所示。

图3-3　紧身造型礼服

图3-4 褶饰造型礼服

三、花卉造型礼服

花卉造型礼服是通过各种材料和工艺的完美组合将服装外形设计成花卉状的造型设计。花卉类造型可以是直接加上装饰性、具象的花卉，亦可以是抽象的、通过波浪造型的叠加、面料色彩的呼应而产生的意象性的花卉造型。根据花卉造型的外观特点可以分为波浪型、缠绕型、皱缩型。

1. 波浪型花卉

波浪型花卉，利用斜裁的面料形成环形裁片，利用裁片内外长度的差量形成丰富的波浪造型。内外长度的差越大，波浪越丰富。图3-5所示礼服，以外观曲折起伏的波浪型作为造型的要点，优美而流畅的波浪使得礼服生动活泼，具有浪漫风韵。

图3-5　波浪型花卉

2. 缠绕型花卉

缠绕型花卉是根据自然界花卉的外观造型，通过对面料的扭曲、缠绕形成较强立体感的花卉造型。如图3-6所示，缠绕型花卉礼服的造型灵感来自于大自然中的花卉，通过环绕、叠加的造型方法，最终形成立体感强、变化丰富且饱满的造型。利用面料的45°斜丝的弹性性能，可以自由地扭曲，并形成变化的造型。

图3-6 缠绕型花卉

3. 皱缩型花卉

皱缩型花卉造型是通过对面料的抽缩工艺处理，使斜丝面料产生丰富、自然的收缩造型，经过有意识地堆积形成起伏、饱满的花卉造型。如图3-7所示，礼服中的皱缩外形形成扭曲、高低起伏状的立体造型，在服装整体造型上成为视觉焦点。

图3-7 皱缩型花卉

第三节　礼服造型的分类设计

在礼服的实际设计中，要综合考量场合、时间和使用目的，注意礼服整体造型的协调统一。根据穿着场合不同，礼服一般分为派对礼服、社交礼服和婚礼服。

一、派对礼服

派对礼服风格婉约、雅致而不失活力，也称为小礼服、鸡尾酒服，适合年轻女性在相对轻松的氛围穿着，如小型宴会、晚会、鸡尾酒会等场合。现代小礼服在设计上更加多元化，风格有：复古典雅、清新甜美、名媛淑女、性感时尚等；款式新颖独特，有抹胸款、吊带裙款、斜裙款、蛋糕款、鱼尾款等，裙长一般在膝盖上下；用料上更加丰富、色彩紧跟流行趋势，搭配的服饰宜选择简洁的款式，着重呼应服装所表现的风格，如图3-8所示。

图3-8　派对礼服

二、社交礼服

社交礼服是女士出席正式的典礼、酒会、宴会等社交活动中穿用的服装，其特点是优雅、大方。按穿着时间不同，通常分为日间礼服和晚礼服，又有正式和半正式之分。

1. 日间礼服

（1）日间正礼服。日间正礼服的着装场合为日间举办的盛大而隆重的礼仪活动，因礼仪级别高，对着装的颜色、款式、材料一般都有规定。色彩简洁大方，廓型"X"型"H"型为常见；款式不能过于标新立异，应尽量选择经典款式，配以珍珠、领饰为装饰；面料避免使用过于发光的材质，一般采用呢料、精纺、丝绸或丝质感的面料，可根据季节调整，也可加刺绣、花边等装饰，如图3-9所示。

图3-9　日间正礼服

（2）日间准礼服。日间准礼服以日间正礼服为标准，是日间正礼服的简装形式，也是正式场合中穿着的社交礼服，为午后1：00~3：00参加社交活动时穿着的礼服。日间准礼服较日间正礼服在用料、造型、配饰上有一定的区别，既具有正式的特点，同时也与流行紧密结合。一般用于文化氛围较浓的场合，如音乐会、时尚典礼等，如图3-10所示。

图3-10　日间准礼服

2. 晚间礼服

（1）晚间正礼服。晚间正礼服产生于西方社交活动中，在晚间（一般是晚上20:00以后）正式聚会、仪式、典礼上穿用，是最高级别、最具特色、充分展示个性的女士礼服。款式配合晚宴的灯光和环境富贵华丽，尽显着装者的无限魅力。裙长一般及地，领型一般设计为深"V"等大开领，充分展露颈部和肩部。面料选择缎、塔夫绸等闪光织物，搭配钻石、贵金属等饰品、华丽的小包、肘关节以上的手套等。颜色以黑色最为隆重，如图3-11所示。

（2）晚间准礼服。晚间准礼服的隆重性略逊于正礼服，也属于正式礼服的类别。款式没有过多形制上的制约，一般为无袖或无领的款式，不过分强调露背或露肩。裙长从及膝至及地不等，风格各异，较为时尚、舒适、个性。面料考究、高档，色彩也多样化，如图3-12所示。

三、婚礼服

女式婚礼服又称婚纱，是新娘（有时也包括伴娘和花童）举行结婚仪式时穿着的礼服，分为中式和西式两种。中式婚礼服一般指中式传统裙褂，造型比较修身，层次少，整体风格含蓄。根据中国传统风俗习惯，颜色多采用喜庆的大红色，代表吉祥、美满的婚礼祝福，配有大量刺绣、镶嵌、盘结等装饰物，如图3-13所示。西式婚礼服常采用洁白轻盈的纱质材料，采用X型廓型，上身合体，下摆呈打开状态，裙长及地，甚至拖尾，配有项链、头纱、手套等；此外，还有S型廓型，更能凸显穿着者迷人体态和优雅气质的鱼尾婚礼服，将简洁与性感发挥到极致，充分展现了女性S形的身体线条，同时对腰、臀部也有较好的修饰效果，如图3-14所示。随着服装观念的不断变化，婚礼服的设计元素也越来越多元化，给人耳目一新的感觉。

图3-11　晚间正礼服

图3-12　晚间准礼服

图3-13　中式婚礼服

图3-14　西式婚礼服

第四章　礼服的材料与选配

　　服装面料是服装的载体，面料的质地、手感、图案特点、搭配处理等都是服装设计的要素。不同的面料有各自不同的特点，具有不同的质地、性能以及光泽，面料的软、硬、挺、垂、厚、薄等都决定着服装的基本特色。现代礼服作为一种高贵华丽的盛装，在对面料的选择上，着重面料的外在美感、形成礼服形态的表现力，以及能充分展现女性的性感、高贵、个性等魅力。根据礼服材料的分类及用途可以划分为常用礼服面料、创意礼服面料、礼服辅料与配饰。

第一节　常用礼服面料的分类与选择

　　传统样式的礼服多以高档的丝织物为首选面料，丝织物具有质感、舒适爽滑、悬垂性好、色彩鲜艳且富有光泽等良好性能。网眼织物、蕾丝织物、缎类织物、绒类织物等也是现代礼服常用面料的选择。这些织物在经过了各种加工、装饰、后整理后以更加华丽、精致的外观呈现给现代礼服设计。针织类织物在现代礼服中也有广泛的应用。与机织类面料相比，针织面料结构多样，不同的针织结构会使面料呈现出不同的视觉效果。特别是利用天然纤维制成的针织面料，再运用轻薄的纱线，配合织纹能形成悬垂性及弹性都相当好的轻薄半透明面料。此类针织面料，在突出性感部位或者半透明的设计中都相当有帮助，这也正符合了礼服合身且勾勒曲线的需求。

一、经编网眼织物

　　经编网眼织物是织物结构中具有规律网孔的针织物。它具有布面结构较稀松、坯布有一定的延伸性和弹性、透气性好、孔眼分布均匀、对称等特点。孔眼形状有圆形、方形、菱形、六角形等，因其透明感强，现已成为面纱、衬料、裙装甚至是整件礼服的主要面料。根据织物原料的不同，选用相应的染整工艺，可以呈现出烫金、提花、印花、绣珠等外观效果，如图4-1～图4-3所示。

图4-1　提花经编网眼织物

图4-2　印花经编网眼织物

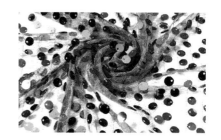
图4-3　绣珠片经编网眼织物

二、蕾丝织物

蕾丝织物是一种舶来品,其发展最早可追溯至15世纪,蕾丝逐渐从刺绣中脱离出来自成一家,成为一项经典的编织工艺。早期的欧洲女装,特别是晚礼服和婚纱,曾较多地使用蕾丝。18世纪,欧洲宫廷和贵族男性服饰在袖口、领、襟和裤沿也曾大量使用蕾丝。如今,蕾丝已经成为一种时尚设计元素,广泛用作流行服装面、辅料中。蕾丝分为手工蕾丝与机织蕾丝,早期的蕾丝由钩针手工编织,是在一个开放的网状图案上通过手工进行套口、交叉编织成的面料。直到1809年,随着各种纺织机器的发展,蕾丝制造进入了工业化时代,机织蕾丝也更加精细和轻巧。蕾丝工艺独特,花型繁多,绣制精巧美观,形象逼真,富有艺术感和立体感,有着精雕细琢的奢华感和体现浪漫气息的特质。蕾丝种类繁多,按工艺大类分经编蕾丝、绣花蕾丝、复合蕾丝、烫金蕾丝等,如图4-4所示。

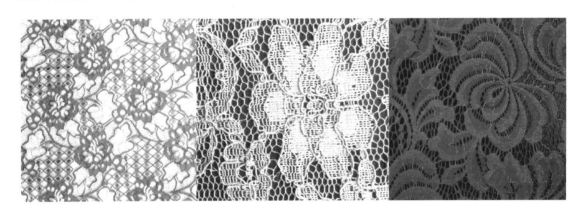

图4-4　蕾丝织物

三、缎类织物

缎类织物是以缎纹组织为基础的丝织物,根据加工工艺不同有素织物和提花织物。缎类织物手感光滑、柔软、光泽柔和、悬垂性好,具有优雅、富贵、华丽之感,深受设计师和穿着者的喜爱,是婚纱礼服必不可少的面料之一。缎类织物的品种很多,代表性的缎类面料有织锦缎、软缎、素绉缎、库缎等。

织锦缎是19世纪末在中国江南织锦的基础上发展起来的,是在经面缎上起三色以上纬花的中国传统高档丝织物。织物表面光泽柔和细腻,手感厚实挺括,质地细致紧密,花纹清晰,花型丰满富有立体感,色彩丰富,鲜艳夺目,如图4-5所示。素绉缎是以桑蚕生丝织造而成的缎类丝织物,属于全真丝绸面料中的常规品种,具有柔软滑爽、丰满厚实的手感,光泽更加自然柔和,富有弹性,并有良好的飘逸感和悬垂性,如图4-6所示。软缎是以桑蚕生丝为经纱、黏胶丝为纬纱的缎类丝织物。由于桑蚕丝与黏胶丝的染色性能不同,匹染后经、纬纱形成异色效果,在经密不太大时具有闪色效应,软缎有花、素之分,如图4-7、图4-8所示。库缎是纯桑蚕丝色织缎类丝织物。库缎原是中国清代官营织造生产的,进贡入库以供皇室选用,故名库缎,又称摹本缎、贡缎。库缎分花、素两类。素库缎以8枚缎纹组织织制而成,如图4-9所示。花库缎是在缎底上提织出本色或其他颜色的花纹,并分为"亮花"和"暗花"两种,亮花是明显的纬浮于缎面,暗花是平板不发光,主要是由于经纬组织上的变化而产生两种不同的效应，如图4-10所示。

图4-5 织锦缎

图4-6 素绉缎

图4-7 素软缎

图4-8 花软缎

图4-9 素库缎

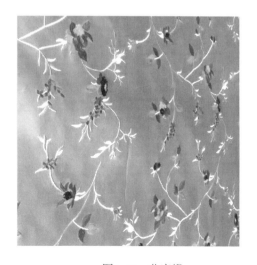

图4-10 花库缎

四、绒类织物

绒类织物是指表面具有绒毛或绒圈的花、素丝织物，采用蚕丝或化学纤维长丝织制而成。质地柔软，色泽鲜艳光亮，绒毛、绒圈紧密，耸立或平卧。其中烂花绒、金丝绒等绒类织物有着独特的光泽感，呈现出细腻的层次感，丰富的肌理，深沉的华丽情调，使礼服设计更显高贵华美，如图4-11、图4-12所示。

图4-11　金丝绒　　　　　　　　　　　　　　　图4-12　烂花绒

五、纱类织物

纱类织物用途广泛是婚纱礼服最常用的面料之一，纱类织物可以用来做主体面料也可用来做辅料。纱类织物具有柔软、轻盈的特点，适宜制作渲染气氛的层叠款式、公主型宫廷款式的礼服，也可单独大面积用在婚纱的长拖尾上。对于纱质材料的婚纱，选择多层重叠设计，达到婚纱隆重、浪漫、梦幻的效果。

常见的纱类织物有雪纱、珍珠纱、水晶纱、欧根纱、冰纱、头巾纱、雪纺等。雪纱手感细腻柔滑，透光度不高，多用来染上鲜艳的颜色制作异域风情的礼服，如图4-13所示。珍珠纱表面呈现犹如珍珠般的细小颗粒，光亮滑爽，在阳光下呈七彩色，轻柔飘逸，如图4-14所示。

图4-13　雪纱　　　　　　　　　　　　　　　　图4-14　珍珠纱

水晶纱的质感较硬，透明度好，重量轻、较薄，有着自然优雅的光泽效果，如图4-15所示。欧根纱比较轻盈飘逸，非常薄而透明，手感稍微硬挺，适于制作膨型轮廓，如图4-16所示。冰纱的网格比较厚密，反光均匀，硬度适中，多用来作为罩纱覆盖在主面料上，如图4-17所示。头巾纱又叫网格纱，顾名思义一般都是头巾的主要用料。雪纺面料轻盈、飘逸，具有丝的柔性及轻薄特性，触感柔软，看上去清爽凉快，较适合夏天穿着，如图4-18所示。

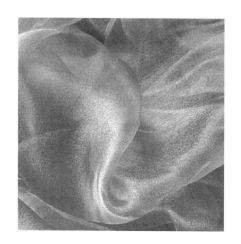

图4-15 水晶纱

图4-16 欧根纱

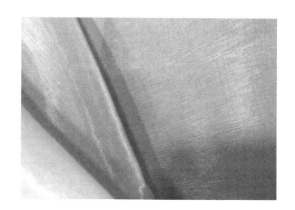

图4-17 冰纱

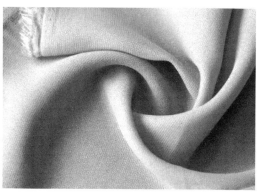

图4-18 雪纺

六、针织物

针织物是利用织针将纱线弯曲成圈并相互串套而形成的织物，有着凹凸、纵横条纹、网孔等丰富多彩的外观特点。针织物可使用的原料较多，包括棉、毛、丝、麻、化纤及它们的混纺纱等。针织物质地松软，除了有良好的抗皱性和透气性外，还具有较好的延伸性和弹性。

近几年，随着针织工业的发展，针织面料在礼服上的运用受到了时尚界的极大关注，给予很多服装设计师新的创作灵感。针织礼服中的针织面料可以通过不同的组织设计形成各种肌理效果，达到对面料艺术化的要求。例如，服装的镂空效果可以通过不同粗细纱线的变换使用、集圈、移圈、局部空针起落、局部纱线不成圈的浮线、细线在粗针上编织等方法获得。此外，浮雕效果也是设计师钟爱的表现形式，在针织面料的组织设计中，可以使用正反针的变化或者移圈来获得。具有丰富浮雕效果的针织物打破了传统针织产品二维平面的形式，为针织面料的设计提供更多可能的空间和想象，也丰富了针织礼服创新设计的思路与方法，如图4-19所示。

图4-19　针织礼服

第二节 创意礼服面料的分类与选择

随着科技的发展，织染技术的进步，制作礼服的面料也越来越丰富，人们在追求美观实用的基础上开始追求环保性、趣味性、艺术性等多种性能的结合。创意礼服的设计也正是顺应这一潮流，在面料的选择上打破传统的概念，追求独创性、艺术性和人文性。如橡胶、木材、纸制品、塑料等非服用材料在现今的创意礼服设计中的应用，是一种尝试性及试探性的发展，多用于设计师表达独特的设计理念及所倡导的流行趋势。相较于使用服用材料的礼服设计来说使用非服用材料制作的创意礼服作为观赏性服装出现在大众的视野中，更能表现出现代礼服的各种夸张复杂的造型和华丽个性化的装饰效果。

非服用材料也可以被称作非常规材料，是指除纺织品、人工皮革及天然动物毛皮之外的用于服装设计及制作创意服装的天然材料及人工合成材料。非服用材料服装是近年来随着市场需求及文化发展所出现的一种新的服装表现形式，通过采用特殊工艺能够形成一种新的服装效果。

一、科技材料类

带有功能性的、具有高科技感的材料逐渐成为时代的新宠，现代设计师把它们用于礼服的设计，既是一种环保也是一种对小众文化的大众传播。如图4-20所示的服饰，科技感及未来感极强，设计师选用的双面镜面TPU新型环保材料，有着极强的反光度和投影的清晰度，设计作品极具未来主义风格，同时将具有光泽感的冷蓝色及冷灰色发挥到了极致，表达了一种冷淡、理智、冰冷的心理感受及情感，服装整体效果极具展示价值。

图4-20 科技材料类

二、木材类

木材是我们最常见的建筑材料之一，但在加工工艺及材料科学迅速发展的背景下，越来越多种类的木质材料成为制作礼服的特殊材料来源。如图4-21所示的服装，设计师将加工木材时产生的刨花联想成礼服的材料，以薄型的雕花木片做成外卷的翅膀，构思巧妙，给创意礼服增加了无限想象空间。图4-22、图4-23所示服装中，设计师以自然界的竹子为创作灵感来源，通过竹子与绡的拼接组合，给人以耳目一新的感觉，同时也赋予作品更多的优雅和内涵。

图4-21　以木片为材料　　　　图4-22　以竹片为材料　　　　图4-23　以竹片为材料

三、金属类

金属是一种具有光泽、富有延展性、对可见光强烈反射等性质的物质，也是在非服用材料中常见的一种设计元素。金属可以有在服装中起点缀的效果也有大面积使用金属直接呈现服装效果。常见的金属制品有易拉罐、铁片、具有光泽的不锈钢材质金属等，通过拼接、锻造、打孔、打磨等工艺设计装饰效果。金属作为创意礼服的制作材料，充满了天马行空的创意，呈现出的作品具有很强的现代主义的时尚气息。图4-24所示为亚历山大·麦克昆恩（Alexander McQueen）1998年春夏的设计 "脊椎马甲（Spine Corset）"，采用金属材质制作了脊椎的形态，展现了野性之美。图4-25、图4-26所示为英国先锋派设计师胡赛因·查拉杨（Hussein Chalayan）作品，他将装置艺术与服装设计、非服用材料大胆的结合在一起，设计作品给艺术界带来强烈的震撼。

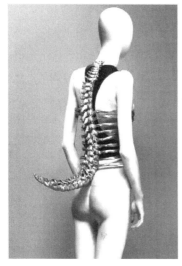  

图4-24 以金属为材料   图4-25 以铁片为材料   图4-26 以铁片为材料

四、玻璃、塑料类

玻璃及塑料可以说是早期就被运用到创意服装设计中的非服用材料，两者都具有可切割、透光性、形状不一、易碎等共同特性，在礼服设计中可选用片状、管状、颗粒状的不同形式进行拼接设计。玻璃及塑料制品在使用中主要表现方向通透、轻盈的视觉效果。二者相比之下，塑料更加有软硬之分，更有利于服装中造型的需求。图4-27所示为英国先锋派设计师胡赛因·查拉杨（Hussein Chalayan）作品，他将玻璃作为创意礼服的制作材料镶嵌于服装之上，能令服装折射出三棱镜般的光泽，呈现多维体空间，并通过创新的剪裁以及复杂的视觉效果，展现出新的服装设计，给人全新的视觉体验及心理体验，是一种超前的、反平庸的设计。图4-28所示的服装，以围棋为灵感，不仅丰富了棋子的色彩，还将其安置在透明的塑料衣身上，产生别出心裁的另类效果。

图4-27 以玻璃为材料   图4-28 以塑料为材料

五、3D打印类

随着新型的3D打印技术的面世及发展，3D打印技术不仅应用到了建筑设计中，在服装界也逐渐成为一种潮流。如图4-29所示，在艾里斯·范·荷本（Iris Van Herpen）2014巴黎时装周及2015时装周中都用到了3D打印技术，这种科技型的新型面料传递出了时装是展示和穿着的艺术。

图4-29　3D打印服装

六、纸制品集合类

纸制品集合是指各种不同纹理及视觉感、触感的纸制品，例如报纸、锡纸、牛皮纸、打印纸、卡纸、铜版纸等。纸制品设计主要传达的设计理念就是低碳环保，宣扬可持续发展、循环利用的观念。纸制品的改造方式有很多，可以通过涂鸦绘画图案制成服装，或者通过将纸制品折叠、揉搓制作出不同的层次及褶皱效果，也可以将纸张内部黏胶等其风干后出现坚挺的效果。纸张在设计上最大的特点就是成本低、重量轻、可塑性强，并且也是现今社会主力推广的非服用环保材料。如中国设计师郭培2010年的"一千零二夜"的时装发布会上也使用了纸质非服用材料和服用面料的结合设计，夸张的服装外部廓型、闪亮的水晶装饰带来了一场唯美的视觉盛宴，如图4-30所示。

图4-30　以纸制品集合类为材料

七、线状材质类

线状材质主要是指麻绳、皮条、电线、拉链等。这些材料的共性是可以通过打孔链接、穿插、悬垂等手法运用到作品中，多与服用材料相结合，塑造出线、面的和谐美。如图4-31、图4-32所示，服装上半身的造型看似简单，其实是对电线进行合理地设计应用和适当地技术加工制作，呈现出精美绝伦的视觉效果。图4-33所示为拉链装饰设计，拉链不仅作为功能材料，也常常应用于装饰，其各式质感与色彩也为拉链设计创造诸多的可能。设计师将拉链通过不同寻常的结构改变线的变化而设定成为礼服设计中的主角，强调服装风格，丰富设计语言，加强视觉张力。图4-34所示服装以麻绳作为礼服的装饰材料，通过编织、缠绕等工艺制作与绸缎面料相结合，更好的传递设计师环保、古朴的设计理念，给予穿着者放松、自然、原始的心理感受。

图4-31　以电线为材料　　　　　　　图4-32　以电线为材料

图4-33　以拉链为材料　　　　　　图4-34　以麻绳为材料

第三节　礼服辅料的选择

服装辅料是服装材料的重要组成部分，是除服装面料外装饰服装和扩展服装功能必不可少的材料。礼服不同于普通种类的服装，在礼服的设计制作中，更需要选择质量好的辅料，辅助其完成款式上和功能上的特殊需求。在礼服制作中常用的辅料有里布、衬料、垫料、硬网纱、鱼骨类材料、扣紧材料和装饰材料等。

1. 里布

里布是礼服最贴身的一层内里料，不仅能遮住其他辅料和缝份，还会使礼服穿着舒适、穿脱方便。从礼服的造型来说，里料可以使礼服平整挺括，使轻薄、柔软的面料增加立体感，而且更美观舒适，同时提高了礼服的档次。礼服的里布通常采用绸质材料，如国产的富贵绸、色丁里布等，这些里布光泽柔和、贴近肌肤。高档的里布可以做成真丝的。在定制礼服中，也可以根据需要对里布做个性化选择。

2. 衬料

衬料作为服装辅料中重要的成员，品种繁多。衬料是服装的骨架，好的衬料更是服装的精髓。通过衬料的造型、补强、保形作用，服装才能形成形形色色的优美款式。衬布在礼服中应用非常广泛，其良好的稳定性可以增加礼服的厚度和硬度，使礼服造型不会因为面、里料的过度柔软而塌陷。特别是在婚礼服制作中，做工讲究的会在面料上覆一层衬布之后，再覆一层无胶硬布衬，隐藏鱼骨的痕迹，上身也会更硬挺一些。此外，需要做立体造型的装饰部位也常常用到硬衬。

3. 垫料

服装垫料具有保证服装造型要求并修饰人体的作用，可以使特定部位能够按设计要求加高、加厚、平整、修饰等，以使服装穿着达到合体挺括、美观等效果。在礼服中常用的垫料主要有胸棉（垫）、肩垫等。胸棉是礼服中最常用的一种垫料，它可以使女性胸部坚挺、丰满、造型美观，塑型性好。肩垫主要用于突出礼服肩部的视觉效果，在礼服的设计制作中不容忽视，它在一定程度上也体现着时尚流行的变化趋势。

4. 硬网纱

硬网纱主要用于婚礼服的裙撑中。在有骨裙撑中，硬网主要用在有钢圈的部位，起到遮盖钢圈的作用。无骨裙撑全部用硬网缝制而成，具有细薄、轻柔和质量轻的特点，比较适合纱质下摆已经很蓬的婚纱，起到锦上添花的作用。也有设计师会直接把硬网放在面料和里料之间，使婚纱下半身更蓬松自然。

5. 鱼骨类材料

鱼骨是细条状的支撑物，主要用于婚礼服的上半身，起到塑型作用，使女性胸部更坚挺，腰部更纤细，背部更挺拔，体态更为优美，可以说是大多数婚礼服的主宰。婚纱鱼骨多数是采用优质涤纶单丝及高弹纱线组合编织而成的，弹力强、手感柔韧，此外还有钢制鱼鳞骨和塑料鱼骨。

6. 扣紧材料

扣紧类材料在服装中主要起到连接、组合和装饰的作用，在礼服中应用较多的包括拉链、纽扣、子母扣、安全松紧扣等。在大多数抹胸款式礼服中，一般会在上半身两侧安装一套安全松紧扣来防止因礼服过大或者动作过猛而造成礼服滑落。

7. 装饰材料

装饰材料是礼服中不可或缺的组成部分，起到锦上添花的作用。常用的装饰材料有羽毛、烫钻、绣片、亮片、立体花朵、流苏、镶珠、水晶、织带、花边、珍珠等。通过这些装饰材料的选择应用，以及与镂空、压印、拼贴、剪切、抽纱、刺绣等装饰工艺手法混合使用，会产生丰富精彩的创意效果。如图4-35所示，GuoPei2019秋冬巴黎高定大秀上，郭培通过层层叠叠的刺绣、水晶、拉菲草装饰菠萝麻，展示了一个包罗万象的奇妙世界。

图4-35 GuoPei2019秋冬巴黎高定

第四节　礼服配饰的选用

礼服不仅要在款式和材料上追求独特，还要借助配饰的创新与变化，来改变整个服饰的风格。礼服配饰作为礼服的补充表达起着毋庸置疑的重要作用。巧妙使用时尚精致的配饰可使奢华亮丽的礼服更加熠熠生辉，提升礼服的整体效果。

1. 首饰珠宝类

配饰礼服的首饰珠宝包括：耳饰、面饰、胸饰、颈饰、手饰、足饰等。其材质广泛，既可以是制作精美的金、银、钻石、宝石、珍珠，也可以是加工考究的仿真饰品等。礼服首饰设计通常比较夸张，即运用设计者丰富的想象力来彰显礼服的特征，以加强表达效果。礼服系列首饰的选用既要注意整体色彩、材质、造型手法的协调统一，又要注意与礼服款式、色彩、面料等相匹配，如图4-36所示。

图4-36　首饰设计

2. 鞋、包配件类

搭配礼服的鞋、包、帽、手套、腰带等配饰是不容忽略的重点。选择鞋、包配件类饰品的原则是与礼服协调统一，层次分明。为了提升礼服的整体气场也可以夸张强调，但要立足于巧妙的安排与合理的搭配。现代包袋设计不仅可以选择在包袋上作外部装饰，如刺绣、珠绣、贴花、镶嵌、拼色、镂空、堆叠等，也可以由皮革、绳草、特殊材质等制作。华丽、浪漫、精巧、雅观是晚礼服用包的共同特点。搭配礼服的鞋子设计一般在于鞋头与鞋跟的造型变化，根据流行程度可以加以改变。用于鞋、包的装饰也是多种多样，但要装饰恰当，不可过于复杂烦琐，如图4-37所示。

图4-37 鞋、包设计

第五章　礼服造型的构成技法

礼服造型的构成技法形式多种多样，如抽褶、折叠、编织、波浪、堆积、绣缀、叠加等，这些手法不但可以改变面料的表面肌理形态，使面料表面产生凹凸的肌理效果，增加礼服的层次感、立体感，还可以为礼服设计开辟丰富的创意空间。认识和掌握这些技术手法对于熟练构思艺术造型具有重要作用。

第一节　抽褶设计

抽褶是将面料用缝线抽缩固定，使面料呈现丰富、反复无规则、立体浮雕状的褶纹效果。褶纹的疏密、强弱、刚柔的变化以及重叠层次，都能营造出不同的服装造型效果。通常情况下，挺括的面料，其抽褶量相对较小，不宜过密，收缩前的长度为成型长度的1.5～2倍；轻薄、柔软的面料，其抽褶量比较大，能形成丰富的褶纹，收缩前的长度为成型长度的2.5～3倍。抽褶设计常用的面料有丝绸、天鹅绒、丝绒、涤纶长丝织物及薄型织物。

一、抽褶法工艺技术要领

（1）先在面料上画出要进行抽褶的位置，然后按造型的需要计算面料上所需抽褶线的长度，根据面料的薄厚设计抽褶量。

（2）缝线在面料的反面缝制，串缝的针脚长度一致，串缝的同时可抽缩布料以观察褶纹的造型效果，通过调整面料的抽缩长度或缝线轨迹达到最终美观的效果。

（3）将抽缩后的面料覆于人体模型上，根据造型的需要疏密有致地理顺布痕并固定。

二、抽褶设计应用实例

实例一（图5-1）：

此款裙身臀部褶饰采用分段纵向抽褶设计。前、后片各设计两条纵向抽褶位置，抽褶线的长度为成品长度的2.5倍，褶纹呈现密集、生动变化、起伏层次的褶饰效果。

实例二（图5-2）：

此款礼服肩部采用多层次叠加的横向抽褶设计，通过加大抽褶量使造型呈现繁复有体量感的韵律之美，配合修身的针织长裙，更加体现华丽唯美，同时裙身底边也装饰了抽褶设计，与肩部遥相呼应。

实例三（图5-3）：

此款表演服在左侧腰部位置做了曲线分割设计，并在分割线处进行抽褶，通过调整褶量、褶位及走向，使褶呈现放射状。披挂的裙片上以穿入布绳抽缩的方法，使波浪褶裙上产生细褶的效果，进一步丰富了立体褶的层次，对民族风格服饰形态进行了创新，具体操作手法详见第九章。

实例四（图5-4）：

此款礼服呈钟型廓型，上身胸部采用弧线叠褶设计，腰部纵向分割贴身合体。裙身分为三层长短、宽窄不一的造型，腰部设计为V型低腰线，每层裙腰都采用抽褶法，增强了造型的疏密变化和体量感，具体操作手法详见第八章。

图5-1　实例一

图5-2　实例二

图5-3　实例三

图5-4　实例四

第二节　折叠设计

折叠是以褶裥的形式将面料进行有规则或无规则的折叠，形成的褶纹能够产生富有节奏和韵律的美感。褶裥按其外观线型可分为直线褶、曲线褶、斜线褶；按褶裥的形态可分为顺褶、阴褶、阳褶。面料宜选用美丽绸、尼丝纺、涤纶、乔其纱等挺括、具有光泽感的织物，折叠结合不同的面料能够塑造出层次分明的服装表现形式，使服装在层次上产生必要的量感和美观的折光效应。

一、折叠法工艺技术要领

（1）预算用布量。用布量的长度=褶裥造型的成型长度+折叠造型所需的量；折叠用布量=折叠褶裥个数×一个折叠宽度。

（2）确定折叠量。根据蓬松造型的大小估计折叠量的大小。

（3）将褶裥部分的面料拉开时要注意动作轻缓，以免导致面料变形，影响造型的美感。

二、折叠设计应用实例

实例一（图5-5）：

该作品采用折叠法，制作肩部位、裙身的波浪造型。制作两种波浪造型时，对面料进行了规律和无规律的反复折叠起褶，产生了褶纹的疏密、凹凸、明暗光泽的不同变化，给整体礼服带来丰富的韵律和趣味。

实例二（图5-6）：

该作品采用折叠法和波浪法相结合的方法，使裙身呈现丰富、舒展、连续不断的纹理状

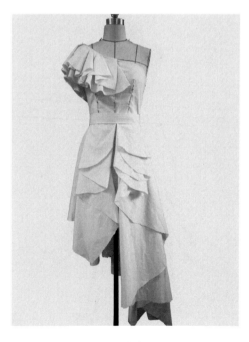

图5-5　实例一　　　　　　　　　　　　　　　图5-6　实例二

态。右侧腰部褶饰设计先将布料制作成褶裥状，然后用腰带将其系扎，再将褶裥状面料拉开，形成放射状褶裥。

实例三（图5-7）：

该作品腰间装饰的立体造型采用折叠构成的手法，形成大小不一的几何形，构成有秩序、有条理的美感。裙身通过叠褶量呈现疏密有致的波浪，产生节奏和韵律的变化。整体造型上紧下松，简繁得当，浑然一体，具体操作手法详见第六章。

实例四（图5-8）：

该作品运用几何形原理在上衣部分进行斜向交叉折叠，胸腰差量放在折叠量中，固定褶裥时要注意形态造型与人体胸部的吻合，以及造型的起伏、随意、自然感。

图5-7　实例三

图5-8　实例四

第三节　编织设计

编织是将面料折成条或扭曲缠绕成绳状，通过编织手法组成各种疏密、宽窄、凹凸等具有雕塑感的立体造型。编织设计能够创造特殊的形式、质感，突出肌理美感、层次感。编织法一般根据设计的需要裁剪宽窄适度、均匀的编织条或直接运用现有材料。材料可选用棉布、电力纺、多色纱、素绉缎、美丽绸等织物，也可以选用塑料纸、羽毛、皮革、绳子等。

一、编织法工艺技术要领

（1）条状编织造型是将布料折成所需宽度的扁平状布条。布条裁剪宽度=2×布条实际宽度+2×缝份。

（2）扁平状布条是通过缝纫机缝合来完成，将缝份藏在布条的里端。

（3）将做好的扁平状布条随机进行编织，形成织纹。

二、编织设计应用实例

实例一（图5-9）：

该作品的绳编装饰主要采用平结、定位结和螺旋结相结合的绳编方法，做出自然流畅的花形编结。整体款式简洁、典雅，配合绳编装饰，不仅服装造型富有创意，而且将实用性和艺术性体现得淋漓尽致。

实例二（图5-10）：

该作品的绳编装饰主要采用平结、定位结和方形结相结合的绳编方法，做出疏密有致的编结造型。装饰位置在衣身的右侧，形成不对称的美感，更加突出服装的个性。

实例三（图5-11）：

该作品是将布料折成条状进行有规律的编织，编成形态美观的纹样，固定在裙身上，形成具有雕塑感的立体造型，与下半身简洁的裙装形成鲜明的对比。

图5-9　实例一

图5-10　实例二

图5-11　实例三

第四节　波浪褶设计

波浪褶设计是利用材料的悬垂性及材料重心的不平衡，在连续的线上做出起褶单位，另一边缘形成跌宕起伏、轻盈奔放、自由流动的波浪造型，波浪褶设计在立裁作品中应用广泛，它赋予服装造型强烈的动感，增加服装的层次感和立体感。面料通常取斜纹面料，选择悬垂性较好的素绉缎、双绉、真丝纱等。

一、波浪法工艺技术要领

（1）主要利用面料斜纱的特点及内外圈边长差数的不同，采用增大外圈线总长度的方法，使外圈长出的布量形成波浪式褶纹。

（2）根据款式造型的需要，确定波浪褶内弧的形态，波浪较大的造型可选择螺旋弧、360°弧、270°弧、180°弧，波浪较小的造型可选择90°弧或自行设计波浪个数及波浪大小。

二、波浪褶设计应用实例

实例一（图5-12、图5-13）：

该礼服的肩部造型是利用360°圆环的内外差形成的自然波浪造型。多层波浪褶饰组合，使衣身产生抑扬顿挫的律动美感，如图5-12所示；也可增加内环的长度，多余的量作为褶裥量叠出褶裥造型，然后再整理修剪，如图5-13所示。

实例二（图5-14）：

该礼服设计以褶的形态为基本特征，采用波浪法、折叠法和绣缀法相结合的方法进行设计制作。前胸部分根据人体的曲线变化将一个个细褶有序排列连接而成。裙身多层波浪造型，与鹿胎缬式的小细皱褶相拼接，体现了"统一中有变化，变化中有对比"的形式美，突出了款式的层次性。具体操作手法详见第八章。

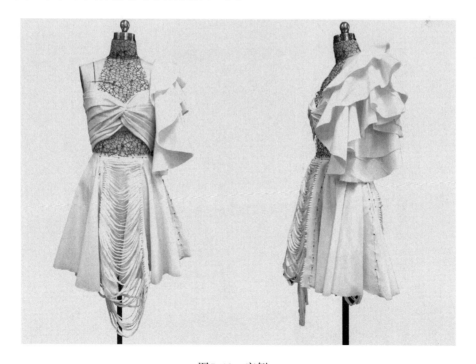

图5-12　实例一

图5-13　实例一

实例三（图5-15）：

该礼服造型设计独特，有很强的雕塑感。上衣身腰间部位采用折叠法，折叠出不同几何图形的褶饰；裙身鱼尾造型采用波浪法，运用曲线分割，形成夸张变化的大波浪鱼尾造型。衣身与裙身造型的对比使得整件礼服线条丰富、立体感强、层次分明，具有大气高贵之感。具体操作手法详见第七章。

图5-14　实例二

图5-15　实例三

第五节　堆积设计

堆积法是根据面料的剪切性，从多个不同方向进行挤压、堆积，以形成不规则、自然的、立体感强烈的皱褶的手法。堆积法利用了织物皱痕的饱满及折光效应，因此堆积法形成的造型极富艺术感染力。堆积法适宜选用有一定挺度及光泽感的面料，如美丽绸、斜纹绸、素绉缎等织物。

一、堆积法工艺技术要领

（1）从三个或三个以上方向挤压、堆积面料，使面料褶皱堆积呈三角形或多边形。

（2）各个皱褶之间不能形成平行堆积关系，否则会显得呆板单调，各部位的堆积量要大小不同，从而有所变化。

（3）皱褶堆积时要有一定的高度，需要边操作边观察。

二、堆积设计应用实例

实例一（图5-16）：

该作品在前胸部位做皱褶，在裙身将面料大面积堆积，形成不规则、凹凸感强烈的造型，体量感十足，整个裙身运用疏密有致的褶皱设计，整体造型富有节奏和韵律感。

实例二（图5-17）：

该作品采用堆积与折叠的手法使其造型富有立体层次变化。上衣部分运用大面积叠褶，规律有序，裙身部分装饰高密度的堆积褶，大小不一、形态有别，与上衣形成简繁结合、和谐有趣的视觉效果。

图5-16　实例一　　　　　　　　　　　图5-17　实例二

实例三（图5-18、图5-19）：

该作品采用折叠、堆积结合的方法形成褶皱的立体效果，以数层相加、层层覆盖呈现一种花朵的层叠和蝴蝶飞舞的立体绽放的感觉。同时运用各种特殊材质，将报纸、纱和珍珠棉防震材料的软体形态和硬性形态相结合，构成重复、渐变、密集等韵律效果，形成丰富的视觉效果。具体操作手法详见第九章。

图5-18 实例三

图5-19 实例三

第六节 绣缀设计

绣缀是通过手工缝缀形成凹凸、旋转等生动活泼的褶皱效果。其纹理立体感突出，有很强的视觉冲击力。绣缀法所使用的面料要求可塑性好，具有适当的厚度与光泽度，如丝绒、天鹅绒、涤纶长丝织物等。绣缀针法包括人字纹法、水波纹法、枕头纹法、孔雀纹法、格子纹法等针法。

一、人字纹立体布纹

1. 人字纹工艺技术要领

（1）准备一块长20cm、宽20cm的样布，在样布的反面按长2cm、宽2cm画好45°斜向点影，如图5-20所示。

（2）反面缝制。按图5-21中序号1、2、3、4的顺序缝线之后抽紧，再回针一次，从第4、5针之间将线顺势拉过来，不收紧，每针缝的宽度为0.2～0.3cm。再按图示顺序号5、6、7、8进行缝线、抽紧，如图5-21所示。

（3）按纵向一列一列从右至左顺序进行缝制，完成人字纹，如图5-22所示。

图5-20　画点影

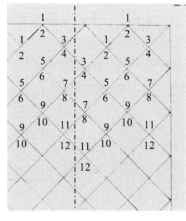

图5-21　缝制顺序

图5-22　完成图

2. 人字纹的应用实例

实例一（图5-23）：

该作品在胸部位进行绣缀工艺设计。先在布料反面按照长2cm、宽2cm画斜向点影，再进行缝缩。根据款式造型需要，用大头针将布料固定调整，使具有装饰性折痕的面料充分地显示在重要的部位。

实例二（图5-24）：

该作品在上身部分整体进行绣缀工艺设计，缩缝量略大些，长4cm、宽4cm为1个单位。先在布料的反面将绣缀针法画出来，再进行缝缩。腰部下端的布料不绣缀，使其形成自然的折痕，与上身的绣缀相呼应。

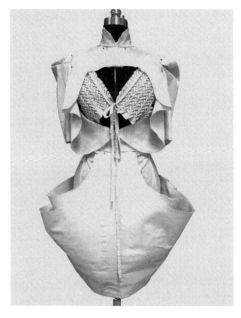

图5-23　实例一

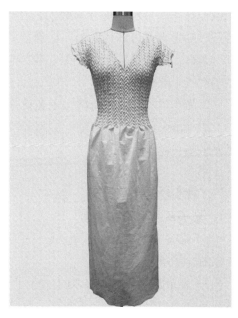

图5-24　实例二

二、水波纹立体布纹

1. 水波纹工艺技术要领

（1）准备一块长20cm、宽20cm的样布，在样布的反面按长2cm、宽2cm画好45°斜向点影，如图5-25所示。

（2）反面缝制。按图5-26中序号1、2、3、4的顺序缝线之后抽紧，再回针一次，从第4、5针间将线顺势拉过来，不收紧，每针缝的宽度为0.2～0.3cm。再按图示顺序号5、6、7、8重复进行缝制、抽紧，如图5-26所示。

（3）纵向走针，从右至左的顺序进行一列一列地缝制，完成水波纹，如图5-27所示。

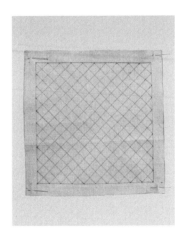 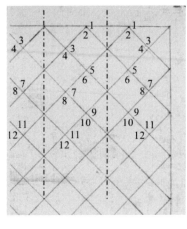 

图5-25　画点影　　　　　　　　图5-26　缝制顺序　　　　　　　　图5-27　完成图

2. 水波纹的应用实例

实例一（图5-28）：

该作品在衣身部位进行绣缀工艺设计，缝缩量较大，约为8cm。先在面料反面将绣缀针法的点影画出来，再进行缝缩。根据款式特点，将缝缀的面料固定在人台上，进一步从整体上进行调整，使具有装饰性折痕的部位与其他部位能有机结合，浑然一体。

实例二（图5-29）：

该作品在裙身部位进行绣缀工艺设计，缝缩量较大，约为12cm。先在面料反面将绣缀针法的点影画出来，再进行缝缩。缝缩部位的上端留出15cm宽的面料与上衣连接，连接时注意面料要平整、合体。

三、枕头纹立体布纹

1. 枕头纹工艺技术要领

（1）准备一块长20cm、宽20cm的样布，在样布的反面按长3cn、宽3cm画好45°斜向点影，如图5-30所示。

（2）反面缝制。按图5-31中序号1、2、3、4的顺序缝线之后抽紧，再回针一次，从第4、5针间将线顺势拉过来，不收紧，每针缝的宽度为0.2～0.3cm。再按图示顺序号5、6、7、8重复进行缝制、抽紧，如图5-31所示。

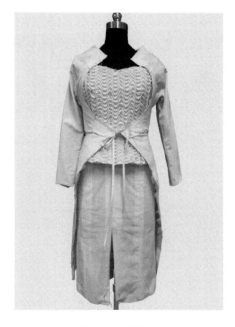

图5-28　实例一　　　　　　　　　　　　　　　　图5-29　实例二

（3）纵向走针，从右至左的顺序进行一列一列地缝制，完成枕头纹，如图5-32所示。

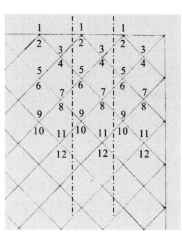

图5-30　画点影　　　　　　　　图5-31　缝制顺序　　　　　　　图5-32　完成图

2. 枕头纹的应用实例

实例一（图5-33）：

该作品在上衣右前片进行绣缀工艺设计，左前片的布料不绣缀，使其形成放射状自然的纹样，以此作为整体造型的装饰中心。制作时，在布料的反面将绣缀针法按单位长3cm、宽3cm45°斜向点影画出来，再进行缝缩，然后将布料覆于肩、胸、腰部，最后根据款式造型修剪余料，制作成上衣。

实例二（图5-34）：

该作品在裙身部位进行绣缀工艺设计，缝缩量较大，约为10cm。制作时，先在布料反面将绣缀针法的点影画出来，再进行缝缩。裙身下端的布料不绣缀，使其形成自然的折痕，再在人台上做好贴体的裙身，根据造型下部采用抽缩法形成细褶，整体造型层次错落有致。

图5-33　实例一

图5-34　实例二

四、孔雀纹立体布纹

1. 孔雀纹工艺技术要领

（1）准备一块长20cm、宽20cm的样布，在样布的反面按长2cm、宽2cm画好点影，如图5-35所示。

（2）反面缝制。按图5-36中序号1、2、3、4、5、6、7的顺序缝线之后抽紧，再回针一次，每针缝的宽度为0.2～0.3cm，注意针缝的方向。第8至14针重复1至7针的缝制方法，如图5-36所示。

（3）纵向走针，从右至左的顺序进行一列一列地缝制，完成孔雀纹，如图5-37所示。

图5-35　画点影

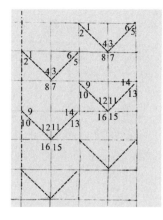

图5-36　缝制顺序

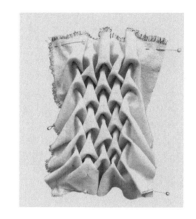

图5-37　完成图

2. 孔雀纹的应用实例

该作品在胸部进行绣缀工艺设计，形成凹凸装饰纹样，作为整体造型的视觉中心。制作时，先在布料的反面将绣缀针法按单位长5cm、宽5cm画好点影，然后用绣线缝缀出孔雀纹纹样，最后将纹样覆于胸部，根据款式造型修剪余料，如图5-38所示。

五、格子纹立体布纹

1. 格子纹工艺技术要领

（1）准备一块长20cm、宽20cm的样布，在样布的反面按长3cm、宽3cm画好点影，如图5-39所示。

（2）反面缝制。针线从反面出来，在正面从2、3挑缝0.2～0.3cm，4、5、6、7、8、9均依势挑缝0.2～0.3cm，9与1重合，如图5-40所示。

图5-38　实例

（3）四个角都挑缝0.2～0.3cm后抽紧，再回针一次，然后针穿入反面打结。

（4）以上步骤为完整的一个单元，完成后针从第10针穿出，线顺势拉过来，不收紧。10至18针重复上一单元，按纵向从右至左的顺序一列一列地进行缝制，如图5-41所示。

（5）按照以上步骤完成多个单元，整理成两种不同的效果，如图5-42、图5-43所示。

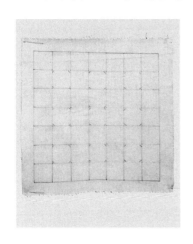

图5-39　画点影

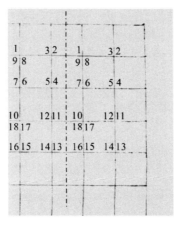

图5-40　缝制顺序

图5-41　完成1个单元

2. 格子纹的应用实例

该作品将绣缀法、折叠法和剪切法综合运用，对服装面料进行再造设计，以增加面料的外部立体效果。裙身通过绣缀格子纹形成规则的花瓣装饰纹样，下端不绣缀的部分自然形成折痕。整个服装将褶饰、缝饰有机结合在一起，呈现疏密、曲直、繁简结合的装饰效果，如图5-44所示。

图5-42　完成图

图5-43　完成图

图5-44　实例

第七节　剪切设计

剪切设计是通过剪、切、撕、磨等方法，改变面料的结构特征，使原来的面料产生不同程度的立体感效果。

一、剪切法工艺技术要领

（1）先在面料上画出一定间距的横线，如图5-45所示。

图5-45　画横线

（2）画好后，用缝纫机将面料沿画好的线车缝固定在底布上，如图5-46所示，形成波浪褶皱，如图5-47所示。

图5-46　车缝固定　　　　　　　　　　　　图5-47　波浪褶皱

（3）用剪刀将凸起的褶皱部分剪切，间距根据设计需要，尽可能剪到褶皱底部，注意不要剪破底布，如图5-48所示。

（4）全部剪切完成后的效果，如图5-49所示。

图5-48　剪切褶皱　　　　　　　　　　　　图5-49　完成图

二、剪切设计应用实例

实例一（图5-50）：

该作品在袖口、衣身下端运用剪切法将面料设计为立体感很强的造型，错落的流苏和凹凸的褶皱为简洁明快的轮廓增添了奢华感。服装有简有繁、有张有弛，使整体非常和谐又动感十足。

实例二（图5-51）：

该作品采用贴体形衣身，结合折叠法形成的肩袖夸张设计，配合宽松抽褶的裤装，繁简结合、张弛有度，构成形态流畅、富有动感的整体造型。覆于衣身前胸部位的装饰纹样，采用剪切法形成立体装饰效果，作为整体造型的装饰中心。

图5-50　实例一　　　　　　　　　　　　　　图5-51　实例二

下篇

礼服的立体裁剪

第六章　小礼服的立体裁剪

　　小礼服是以小裙装为基础的款式，具有浪漫、简练、舒适自在的特点。在穿着礼仪方面，小礼服适合在相对轻松的氛围穿着，如小型宴会、晚会、鸡尾酒会等场合。现代小礼服在设计上更加多元化，风格有复古典雅、清新甜美、名媛淑女、性感时尚等；款式新颖独特，有抹胸款、吊带裙款、斜裙款、蛋糕款、鱼尾款等；面料使用上更加丰富，色彩紧跟流行趋势。本章介绍腰部设计蝴蝶结褶裥裙小礼服和吊带式花瓣小礼服的立体裁剪。

第一节　腰部蝴蝶结褶裥裙小礼服

一、款式说明

　　如图6-1所示，此款小礼服以独特的蝴蝶结装饰突出个性与风格，整体造型上紧下松，简繁得当，浑然一体。胸部设计运用了斜向分割和填充的表现手法，丰富了礼服的设计造型；腰部采用折叠手法，通过三个大小不一的褶裥表现蝴蝶结的立体造型；裙身腰部的规律叠裥使下摆呈疏密有致的波浪，构成蓬松的裙身。

二、准备

1. 人台准备

　　按照款式要求，在人台上用标记带贴出分割线位置，注意分割线的走向，如图6-2所示。

图6-1　款式图

图6-2　贴标记带

2. 布料准备

按图6-3所标尺寸准备大小合适的坯布,将布料烫平、整方,分别画出经纬纱向线,轮廓线内双向箭头线方向为经纱纱向,与经纱纱向线垂直的线为纬纱纱向线,具体要求如图6-3所示,图中单位均为cm,后文相同。

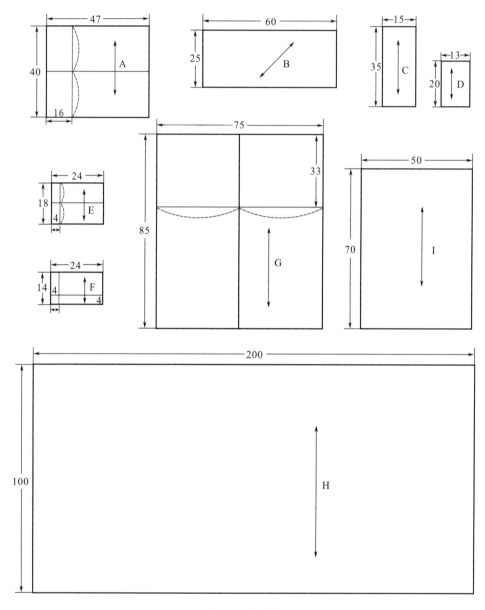

图6-3 备料图

A—衣身前中片用料(A区域用料) B—衣身右前侧片(B区域用料) C—衣身右前侧片(C区域用料) D—衣身右前侧片(D区域用料) E—衣身后右侧片用料 F—衣身后中片用料 G—前中裙片用料 H—左侧褶裥裙用料 I—蝴蝶结装饰片用料

注:轮廓线外部数据表示备料的大小,轮廓线内部数据表示需要画线的位置,图中画线位置未作明确标注者则为取中,后文同。

三、操作过程及要求

1. 制作衣身前中片

（1）固定前中线。取面料A，将画好的纬纱辅助线与人台的前中线对齐，固定前中线的上点①，沿着前中线向下将面料捋顺，使腰部贴合人台，固定前中线的下点②，如图6-4所示。

（2）推移省量。面料的上口不留松量，胸凸引起的余量推移至人台胸围线的下方，面料上方平整。在胸围线上水平留1.5cm的松量，固定分割线上点③。腰部余量从中间向两侧推移，一边推移一边打剪口以保持腰部平服，余量全部推至胸部以下，固定分割线下点④，如图6-5、图6-6所示。

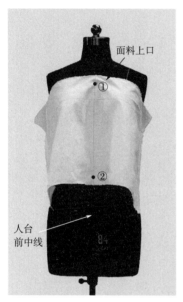
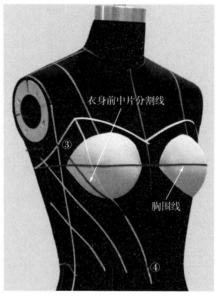

图6-4　固定前中片　　　　　图6-5　标记线示意图　　　　　图6-6　推移省量

（3）修剪。拔掉前中线上点①的固定针，根据标记线的位置修剪右前中片多余面料，下口至少留出3cm缝份，注意为保持面料上口平服，需在上口的转折处打剪口，如图6-7所示。

（4）别合胸省。向上折进胸部余量，理顺省缝，别合胸省，如图6-8所示。

（5）完成前中片。采用与右前中片相同的方法对称完成左前中片（平面效果以右侧片为准），整体完成后的效果如图6-9所示。

2. 制作右前侧片

根据款式图衣身分割特征，将前衣身分别确定四个分割区域，即A（图6-9前中片）、B、C、D，如图6-10所示。

（1）固定B区域。为确保款式的合体性，采用的面料为斜纱向。取面料B，面料的一边留出距分割线2~3cm的余料倾斜覆盖在B区域，固定分割线上点①和下点②，如图6-11所示；为使分割位置平顺，可在分割线的中部打斜剪口，如图6-12所示。

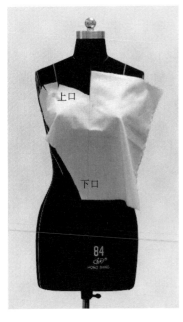

图6-7 修剪

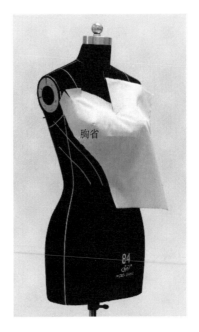

图6-8 折别胸省

图6-9 前中片完成图

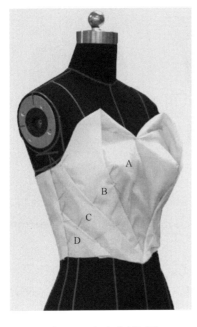

图6-10 衣身分割区域

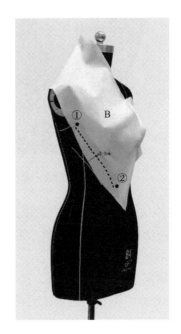

图6-11 固定

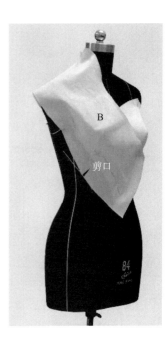

图6-12 打剪口

（2）完成B区域。沿A、B区域分割线翻折，根据款式特点，胸围线以下翻折部分紧贴人台，不留余量，为满足造型需要，胸围线以上翻折部分需留出较大余量，如图6-13所示。接着如图6-14所示，将留有余量的布料进行折转，为保证造型的流畅圆顺，在转折位置边缘修剪余料并打剪口，注意关键点③和④的定位和线的走向，如图6-14所示。完成造型后，折净上止口，并与前中片别合固定，如图6-15所示。

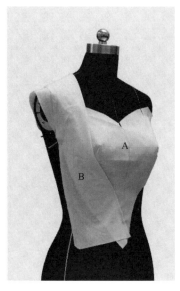

图6-13　翻折

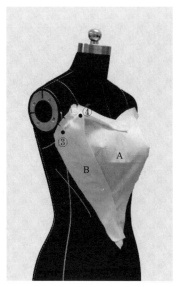

图6-14　修剪

图6-15　完成右前侧片B区域

（3）完成C区域。取面料C，将经纱辅助线与B、C区域分割线平行，四周留有余料，覆盖在C区域，沿C区域边缘线固定上点⑤、下点⑥，如图6-16所示；留出2～3cm缝份，修剪四周余料，如图6-17所示。

（4）完成D区域。在D区域采用相同的方法于上点⑦、下点⑧固定面料D，如图6-18所示，按照造型线位置留出缝份修剪四周余料，如图6-19所示。

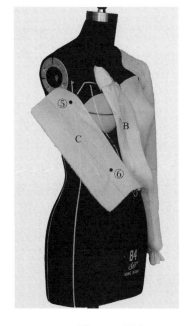

图6-16　固定

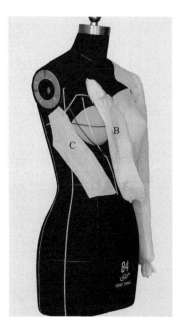

图6-17　修剪

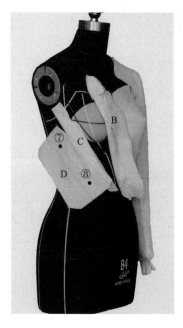

图6-18　固定

（5）别合A、B、C、D区域分割线。如图6-20所示，修剪多余面料后，腰部留出1.5cm的松量，上片压下片折别固定A、B、C、D区域分割线。

（6）完成衣身前片。采用相同方法对称完成衣身左前侧片分割造型（平面效果以右半部分为准），衣身前片整体完成后的效果如图6-21所示。

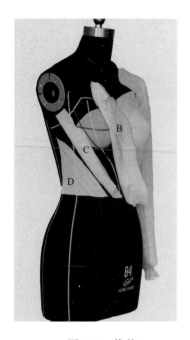

图6-19　修剪　　　　　　　　图6-20　折别分割线　　　　　　图6-21　衣身前片完成图

3. 制作衣身后片

（1）固定后右侧片。在面料E上取中画纬纱辅助线，面料的纬纱辅助线与人台背宽垂线对齐，经纱辅助线与人台的胸围线对齐，胸围线处不留松量，腰围线上留出1cm松量，固定①、②、③、④四点，如图6-22所示。

（2）修剪后右侧片。依照公主线与侧缝线修剪多余面料，下止口线打剪口，需要剪至距标记线1cm处，如图6-23所示。

（3）固定后右中片。将面料F中标示的纬纱辅助线与人台的后中线对齐，固定后中线上点⑤，沿后中线向下捋顺，使腰部贴合人台，固定后中线下点⑥。面料下上口（衣片的上边缘）不留松量，固定后公主线上点⑦，面料下下口（衣片的下边缘）在腰围线上留出0.5cm松量，固定后公主线下点⑧，如图6-24所示。

（4）修剪后左中片。依照后中线与后公主线修剪后右中片，注意下口至少留出3cm缝份，如图6-25所示。

（5）别合分割线。后右中片效果满意后，在后公主线处折别分割线，如图6-26所示。

（6）完成衣身后片。采用相同的方法对称完成衣身后左侧片、后左中片分割造型，沿后中线折净面料F、F′贴边，纵向用别针固定面料E、F、E′、F′，如图6-27所示。

背宽
垂线

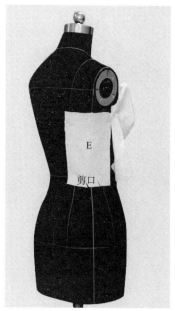

图6-22　固定

图6-23　修剪

图6-24　固定

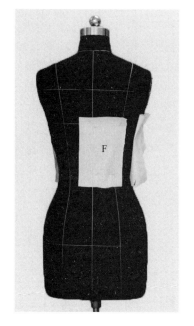

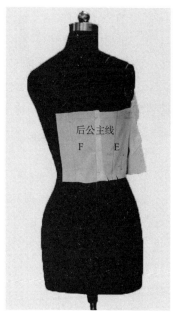

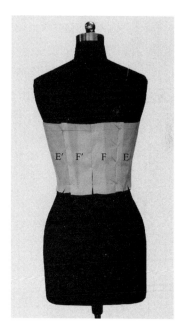

图6-25　修剪

图6-26　折别分割线

图6-27　后衣片完成图

（7）别合侧缝。如图6-28所示，后片压前片折别侧缝，折净前、后片的上口线，注意上口弧线的圆顺连接。

（8）贴标记带。根据款式特点，在衣身腰位处用标记带贴出分割造型线的位置，如图6-29、图6-30、图6-31所示。

图6-28　别合侧缝　　　　　图6-29　贴标记带（前面）　　　图6-30　贴标记带（侧面）

4. 制作前中裙片

（1）固定前中裙片。取面料G，腰节以上留15cm，经纱辅助线对齐人台前中线，沿前中线固定裙片中线上的上点①、下点②，如图6-32所示。

（2）制作前中裙片右侧波浪。沿前中线剪开，从前中裙片上止口剪至腰部分割线以上3cm，再按图示水平剪开距离前中3cm处，打斜剪口至距下落点1cm。腰口布料下放，整理底摆，做出右侧前裙身波浪，臀围处约5cm褶量，如图6-33所示。

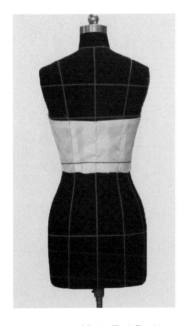

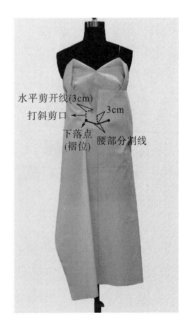

图6-31　贴标记带（背面）　　　图6-32　固定前中裙片　　　　图6-33　下落右侧波浪

（3）完成前中裙片。按照腰部分割造型，修剪腰部余料，如图6-34所示；采用相同方法对称完成前裙身左侧波浪。根据款式要求，修剪侧缝和底边，注意裙片底边线要平直圆顺，腰口留出2cm松量与上身片搭别固定（下片压上片），完成前中裙片，如图6-35所示。

图6-34 修剪腰部余料

图6-35 前中裙片完成图

5. 制作左侧褶裥裙

根据款式要求，测量左侧褶裥裙在腰口处对应的长度，此款褶裥长度约为25cm。左侧褶裥裙设计为5个褶裥，它们分布均匀，制作时需要从前向后依次折叠5个褶裥。按照效果，第一个褶裥叠褶量为3cm，其余4个褶裥叠褶量各为6cm，即总叠褶量为27cm。裙身腰口总长度为腰口对应长度与叠裥量之和，即总长为52cm；取面料H，在200cm的边长上取中点O画半圆弧形腰口线ACB，使半圆弧腰口线周长为52cm，半径$AO=52/\pi=16.5$cm，AD为裙长，设计长度为85cm，按此要求，需要将面料H裁成如图6-36所示的平面形状。

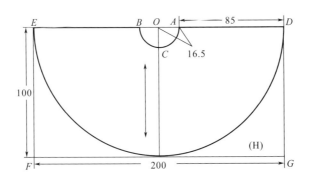
图6-36 示意图

（1）叠第一个褶裥。如图6-37所示，第一个褶裥距前中线约8cm，在腰口处左侧裙片向内叠进3cm褶裥量，理顺折线后横向别针，在腰口处固定第一个褶裥。

（2）完成其余褶裥。在褶裥裙片的腰口处平均标记出其余4个褶裥的位置，按照叠裥量为6cm依次折出第二、第三、第四、第五个褶裥，理顺折线并与腰口固定，腰口留出1.5cm缝份，清剪余料，如图6-38～图6-40所示。

图6-37　固定第一个裥

图6-38　固定第二个裥

图6-39　固定第三个裥

图6-40　固定第四、五个裥

6. 制作右侧褶裥裙

采用相同的方法对称完成右侧褶裥裙，根据款式要求，裙底摆边留出2cm折边，修剪底边，注意底边线条平直圆顺，整体完成后的效果，如图6-41~图6-43所示。

（1）褶裥数量设计。半圆褶裥裙叠褶裥的数量可根据个人喜好选择，如图6-44所示，腰口弧长尺寸不变，由原来的5个褶裥增加到7个褶裥，造型会有所差异。

图6-41 正视图

图6-42 背视图

图6-43 侧视图（五个裥造型）

图6-44 侧视图（七个裥造型）

（2）褶的设计。波浪褶的塑型手法可以从褶的形态、缩褶量以及面料平面状态下的圆心角等几个方面考虑。如图6-45所示，将之前右侧的裙身腰口，通过抽褶的方法形成波浪褶，腰口处褶皱密集、蓬起，下摆波浪不均匀，整体造型更丰满。与左侧叠褶裥的造型效果比较，相同的结构，不同的塑型方法，呈现的造型特征不同，如图6-46、图6-47所示。设计中褶、裥的选择应该依据整体效果而定。

图6-45　抽褶造型　　　　图6-46　抽褶与叠褶裥正面对比　　　图6-47　抽褶与叠褶裥背面对比

7. 制作左侧蝴蝶结装饰片

（1）固定装饰片面料。取面料I，沿面料I上止口向下量取20cm确定一条线，该线与人台的腰围线重合，将面料一侧布边对齐前中裙片的侧边，留出2cm缝份，与前中裙片侧边别合固定，如图6-48所示。

（2）翻折装饰片面料。按照款式要求，将面料I向分割线方向斜向翻折，使折线通过前中裙片腰围线中点，并在点①固定，如图6-49所示。

（3）叠褶裥。此蝴蝶结装饰片设计为3个褶裥。根据造型特点按图6-50所示，在腰节线处距点①6cm向内折叠第一个褶裥，褶裥量为8cm，并固定褶边线上点②；继续在腰节线上距点②2.5cm向内折叠第二个褶裥，褶裥量为7cm，固定褶边线上点③，如图6-51所示；接着，折叠第三个褶裥，将第三个褶裥的布边向内折净，折线上点④在腰节线上距点③为1.5cm。在面料I上口留出2cm缝份，修剪上口余料。

（4）完成左侧蝴蝶结装饰片。如图6-53所示，用标记带贴出蝴蝶结装饰造型，在标记线外侧留出2cm缝份，修剪装饰片面料I下口多余面料，如图6-54所示。将该装饰片的上口夹入衣身B、C区域的接缝中，再次理顺左侧褶裥裙第一个褶，将左侧褶裥与前中裙片在接缝处别合。从各个角度观察左侧蝴蝶结装饰片，将其与设计图进行比对调整，达到理想效果，如图6-55所示。

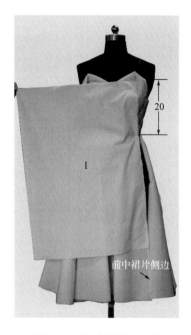

图6-48　固定装饰片面料

图6-49　翻折装饰片面料

图6-50　固定第一个裥

图6-51　固定第二个裥

图6-52　固定第三个裥

（5）完成蝴蝶结装饰整体造型。采用相同的方法对称完成右侧蝴蝶结装饰造型（平面效果以左侧片为准），整体完成后的效果，如图6-56~图6-58所示。

图6-53 贴标记带

图6-54 修剪装饰片面料I下口

图6-55 折别

图6-56 正视图

图6-57 侧视图

图6-58 背视图

8. 裁剪裁片

款式确认后，做好标记，取下衣片，进行平面修正，得到裁片如图6-59所示。确认后，拷贝纸样备用。

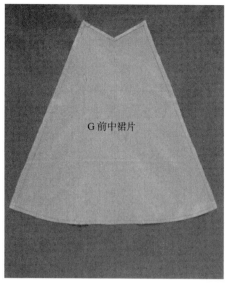

I 蝴蝶结装饰片×2

F 衣身后中片×2

A 衣身前中片

B 衣身右前侧片×2

E 衣身后侧片

C 衣身右前侧片

D 衣身右前侧片

G 前中裙片

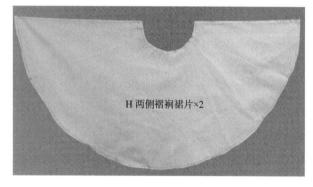

H 两侧褶裥裙片×2

图6-59　裁片

第二节　吊带式花瓣小礼服

一、款式说明

如图6-60所示，此款小礼服分为上下两部分，上衣部分为连身吊带结构，通过分割线使得衣身合体，在上衣底摆处采用与裙身相同的立体造型，使衣身上下两部分的搭配更和谐。裙身的立体造型呈花瓣状，交错层叠，给人优雅、高贵的外观享受。

二、准备

1. 人台准备

按照款式要求，在人台上用标记带贴出上衣的轮廓以及重要的结构线所在位置，如图6-61、图6-62所示。

图6-60　款式图

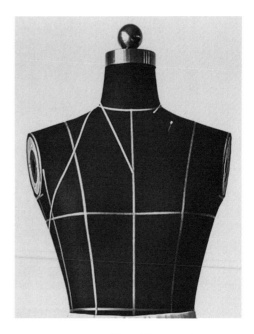

图6-61　贴标记带（正面）

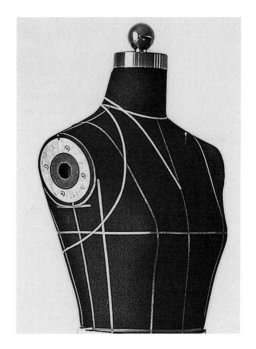

图6-62　贴标记带（侧面）

2. 布料准备

按图6-63所标尺寸准备大小合适的坯布，将布料烫平、整方，分别画出经、纬纱向线，具体要求如图6-63所示。

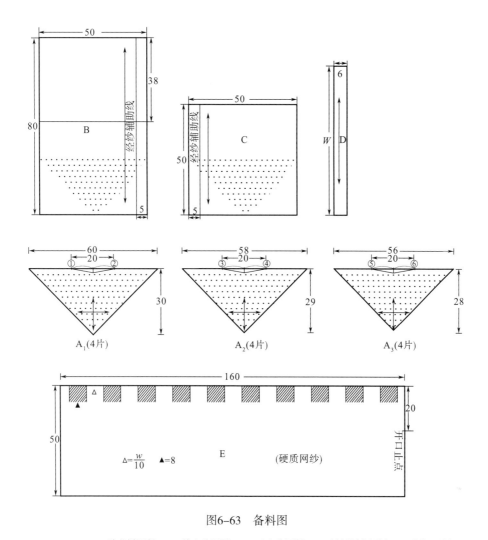

图6-63 备料图

A₁、A₂、A₃—12片花瓣用料　B—前衣片用料　C—后衣片用料　D—衬裙腰头用料　E—衬裙用料

注：有底纹的区域要黏衬，前、后衣片黏衬的大小与花瓣三角相同

三、操作过程及要求

1. 制作花瓣裙

（1）制作衬裙。用透明的硬质网纱类面料做内层衬裙。按照备料图所示，先将硬质网纱上口叠10个褶裥并固定，单个褶裥的叠裥量为8cm，褶裥之间的间距为$\frac{w}{10}$，然后缝合衬裙两侧形成筒状，注意侧缝上端留出20cm不缝，作为开口，用面料D做腰头，装腰头完成衬裙，裙身呈A型轮廓，如图6-64所示。

（2）固定下层花瓣。取一块面料A₁，按图6-63所示将①点和②点重合并固定，形成环形立褶裥（花瓣造型），把花瓣置于前裙身下层位置，根据效果图按照所需要的立体角度把花瓣固定在衬裙上，与裙底摆边线水平，如图6-65所示。

图6-64　制作衬裙

图6-65　固定下层花瓣

（3）完成下层花瓣造型。采用相同方法固定下层的四个花瓣造型，也可将第一个花瓣做标记后取下复制得到其他三个花瓣的造型，然后按设计构思固定花瓣，如图6-66所示。

（4）整体造型。采用相同方法分别用A$_2$和A$_3$面料完成中层和上层的花瓣造型，注意每层四个花瓣，翻角位置要错开，以增强层次感和立体感。注意后中线最上层的一个花瓣应作开口设计，以方便穿着，如图6-67所示。

图6-66　下层花瓣固定完成图

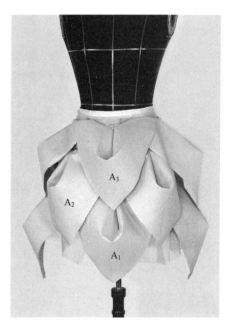

图6-67　裙子整体造型

2. 制作右侧上衣片

（1）固定前中线。按照图6-68所示的区域，在前、后衣片黏衬并粗裁前衣片B、后衣片C，将粗裁的前衣片面料B的前中线、胸围线在人台的前中线上点①、下点②及胸高点③处固定，如图6-68所示。

（2）掐出立褶裥。在胸高点处掐出约20cm的立褶裥量。褶裥中线由上至下取经纱向，在胸部及腰部理顺褶裥的造型后，在立褶裥的左右两侧固定，胸围线水平纱向保持不变，固定侧缝上点④，腰部保留足够松量后固定腰部侧缝，如图6-69所示。

（3）修剪侧缝和肩缝。如图6-70所示，将胸围线以上的裁片余量推至领口处，保证胸上部衣片平服，固定肩点⑤及颈侧点⑥。修剪侧缝及肩缝，腰部以下的侧缝要保留足够的松量以保证侧缝的翘度。

图6-68 固定前中线　　　　　图6-69 掐出立褶裥　　　　　图6-70 修剪侧缝、肩缝

（4）修剪部分领口。如图6-71所示，修剪部分前领口，将立褶裥倒向肩点⑤处，前中铺平。

（5）修剪立褶裥。如图6-72所示，修剪立褶裥部分，从腰围线以上开始修剪立褶裥，剪至颈根处，要保证有足够的余量制作后领处的吊带。

（6）修剪前身颈部吊带。将前衣身裁片的侧片翻开，按照人台颈部标记带位置，前中片领口留2cm缝份修剪后，转向后颈部顺剪小圆弧，裁出后领处的吊带上口。注意少剪多修，以免剪缺。进一步修正吊带下口，左颈肩点转向后颈部时打适量斜向剪口以保证平服，如图6-73所示。

（7）修剪侧身颈部吊带。采用相同方法制作侧身颈部的吊带部分，并修剪出袖窿形状，如图6-74所示。

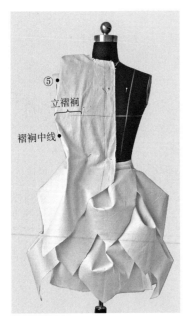

⑤
立褶裥
褶裥中线

前身颈部吊带下口
前身颈部吊带上口

图6-71　修剪部分领口　　　　　　图6-72　修剪立褶裥　　　　　　图6-73　修剪前身颈部吊带

（8）对合立褶裥接缝。将腰部以下立褶裥翻至内层，以保证前衣片底摆的立体造型。将腰部以上立褶裥折别固定，颈部接口位于吊带宽度的中间位置，别合时注意保证衣片颈部、肩部及后背的平服。由于吊带较细，打剪口或修剪时要谨慎，如图6-75所示。

图6-74　修剪侧身颈部吊带　　　　　　　　　　图6-75　对合立褶裥接缝

（9）修剪、整理下摆。修剪衣片底摆形状，整理完成前衣片造型，如图6-76所示。

（10）完成右侧后衣片。取面料C，用与制作前片立褶裥相同的方法，先固定后中线，然后在后公主线位置上掐出约20cm的立褶裥，修剪立褶裥时，从腰围线以上沿着后公主线开始修剪立褶裥，留2cm缝份折别固定，腰围线以下立褶裥翻至内层。注意要保证后衣片腰部以下侧缝的翘度，前后衣片的腋下连接要圆顺，如图6-77所示。

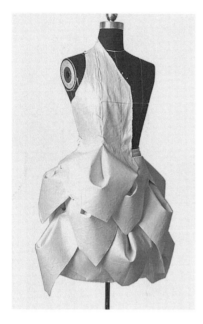

图6-76　修剪、整理底摆

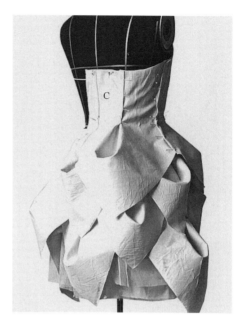

图6-77　后片完成图

3. 整体造型完成

观察右侧整体造型，完成后的效果如图6-78~图6-80所示。采用相同方法完成左侧前、后衣片。

图6-78　正视图

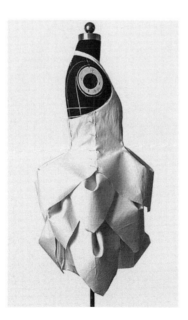

图6-79　侧视图

图6-80　背视图

4. 裁剪裁片

款式确认合适后，做好标记，取下衣片，进行平面修正，得到裁片如图6-81所示。确认后，拷贝纸样备用。

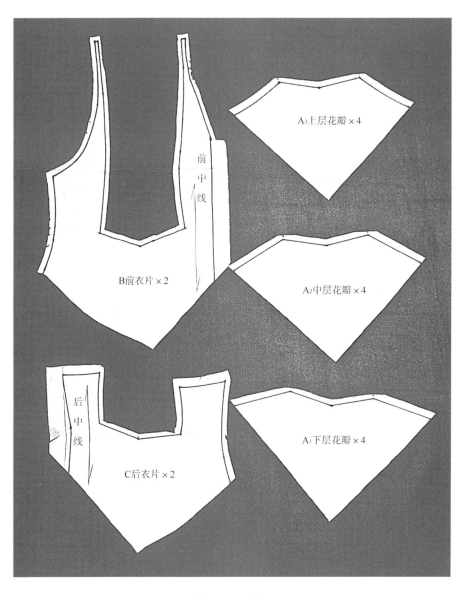

图6-81　裁片

第七章　晚礼服的立体裁剪

晚礼服的设计变化丰富，设计点也多元化，依据使用场合的不同进行不同风格的设计，来体现穿着者的个性。另外，对细节进行精致地装饰搭配如首饰、包袋、手套、鞋饰等共同构成晚礼服整体装束效果。本章介绍交叉领鱼尾礼服裙和环肩公主晚礼服的立体裁剪。

第一节　交叉领鱼尾裙晚礼服

一、款式说明

如图7-1所示，此款礼服整体造型呈S型，胸、腰、臀合体，领子为交叉领，裙裾呈鱼尾状。其设计重点是腰部装饰，通过叠褶的方式使每一个褶裥的造型有所不同，疏而有密、简而有繁，在对比中追求和谐，增添了礼服的灵性和装饰性。鱼尾造型的裙身采用不对称分割手法，突出款式的独特性。其裙摆采用波浪造型设计，为了满足丰富的波浪造型，环形裁片的内外径的差量要求比较大，需根据设计的意图确定。

二、准备

1. 人台准备

按照款式要求，在人台上贴标记带，根据效果图标明造型线的设计位置。造型线主要包括左侧腰省、右侧腰省、衣身上口轮廓线，具体位置如图7-2～图7-4所示。前衣身上口轮廓线的中点①距胸围线7cm，衣身上口轮廓线的侧点②距袖窿底3cm，后衣身上口轮廓线的中点③距胸围线2cm，确定好点①、②、③的定位后，将此三点圆顺连接；腰省的省尖④指向胸高点省口；⑤距前中线2cm。注意关键点的定位及线的走向。

图7-1　款式图

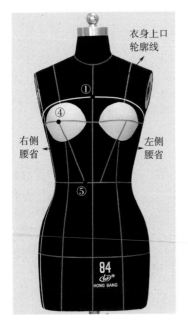

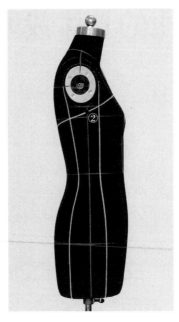

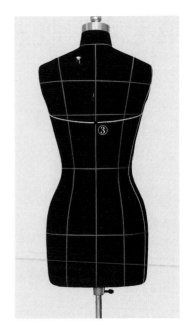

图7-2　贴标记带（正面）　　图7-3　贴标记带（侧面）　　图7-4　贴标记带（背面）

2. 布料准备

准备大小合适的坯布，将布料烫平、整方，分别画出经纬纱向线，具体要求如图7-5所示。

三、操作过程及要求

1. 制作衣身前片

（1）固定衣身前片。取面料A，将画好的纬纱辅助线与人台的前中线对齐，在前中线上点①处将面料A固定在人台上，沿着前中线向下捋顺面料，在腰部使面料贴合人台，在前中线点②处将面料固定在人台上。面料A的经纱辅助线对齐人台的胸围线，胸围不留松量，从面料A上口的两侧由上而下将多余面料全部推至腰部，一边推移一边在胸部转折处打剪口，以保持衣片上口平服，固定侧缝的上点③、下点④，如图7-6所示。

（2）确定右前片省位。如图7-7所示，按照款式要求，省位定于人台右侧腰省线的标记线处，从侧缝开始将面料的腰部余量推至人台的标记线位置，同时打剪口保持腰部平服，在腰围线上公主线与侧缝间留出1.5cm松量，双针固定公主线上点⑤、点⑥，确定省量。

（3）折别腰省。从省中线剪开距胸高点3cm，留出1cm缝份，修剪省边线，将省中线倒向前中线，理顺省缝，别合腰省，完成前右片，如图7-8所示。

（4）完成衣身前片。采用相同的方法对称完成左前片（平面效果以右前片为准）。根据轮廓线的位置，修剪多余面料，下口至少保留3cm缝份，整体完成后的效果如图7-9所示。

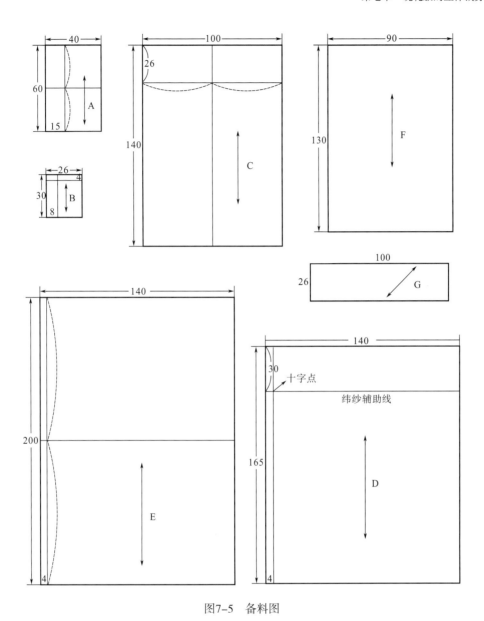

图7-5　备料图

A—衣身前片用料　B—衣身左后片用料　C—第一部分鱼尾裙用料　D—第二部分鱼尾波浪裙用料　E—第三部分鱼尾波浪裙用料
F—右侧腰部装饰造型用料　G—肩带用料

2. 制作衣身后片

（1）固定左后片。取面料B，将画好的纬纱辅助线与人台的后中线对齐，布片的十字交点与人台标记带点③对齐，并将面料B固定在后中线①点处，沿后中线向下捋顺面料，在腰部使面料贴合人台，在后中线点②处将面料固定在人台上。由于后片面料不通过肩胛突点，所以后片无须做省。腰围线以下斜向打剪口，从后中线向侧缝推平面料，腰部保留1.5cm松量，面料上口松量不宜过大，然后理顺面料固定侧缝，如图7-10所示。

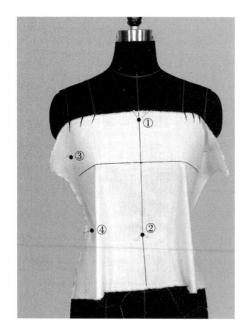

图7-6 固定

图7-7 确定省位与省量

图7-8 折别腰省

图7-9 完成衣身前片

（2）修剪左后片。根据款式要求，修剪左后片四周余料，注意后中线保留4cm缝份，下口与前片同样保留3cm缝份，如图7-11所示。

（3）制作右后片。采用相同的方法对称完成右后片，平面效果以左后片为准，如图7-12所示。

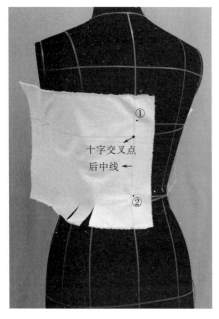

十字交叉点
后中线 ←

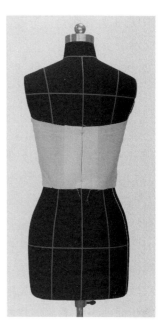

图7-10 固定左后片　　　　　图7-11 修剪左后片　　　　　图7-12 完成右后片

（4）完成衣身造型。折净后中线处的缝份，纵向别针固定。在侧缝处前压后圆顺接合前、后片，注意侧缝上点用针为横向，方便折叠折边，将衣片上口折边折净后完成造型，整体完成后的效果如图7-13~图7-15所示。

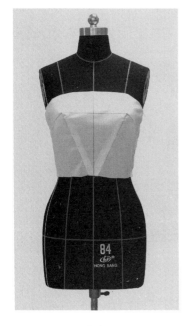

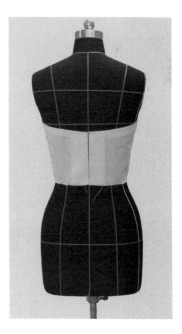

图7-13 衣身完成图（正面）　　　图7-14 衣身完成图（侧面）　　　图7-15 衣身完成图（背面）

3. 制作鱼尾分割波浪裙

根据款式图裙身分割的特征，鱼尾分割波浪裙确定由三部分用料组成，即C、D、E，其

中D、E为右侧鱼尾分割波浪裙的用料，如图7-16
所示。

（1）制作第一部分鱼尾裙。

①固定第一部分鱼尾裙用料。取面料C，将
画好的经、纬纱辅助线与人台的前中线和臀围线
对合，在前中线左侧1~2cm处将面料固定，用针
固定于腰围线下点①处和臀围线下点②处，如图
7-17所示。保持纬纱辅助线与臀围线一致，先在
右前裙身的臀围中线上掐取1cm横向松量，在侧
缝标记线内侧双针固定臀围侧点③，如图7-18所
示。保持面料胸宽垂线位置为经纱方向，由臀围
线向上平推面料至腰围线，在腰围线处固定右前
裙身胸宽垂线点④，如图7-19所示。用与右前裙
身相同的固定方法固定左前裙身。继续沿着右前
裙身的臀围线向裙后身捋顺面料，将纬纱辅助线
与后臀围线对合，在右后裙身的臀围中线上掐取
1cm横向松量，在后中线内侧1~2cm处，臀围线下
点⑤处，双针固定面料，保持面料后中线为经纱
方向，由下而上捋顺面料，固定后中线上点⑥。
在右后裙身的背宽垂线处仍然保持经纱方向，用
针固定于背宽垂线点⑦处，如图7-20所示。与右后裙身的固定方法相同，固定左后裙身。

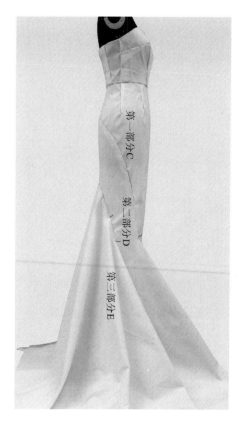

图7-16　分割区域示意图

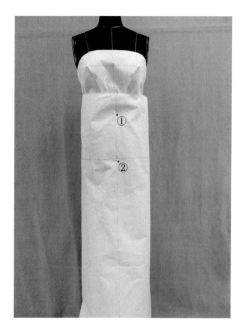

图7-17　固定前中线点①和点②

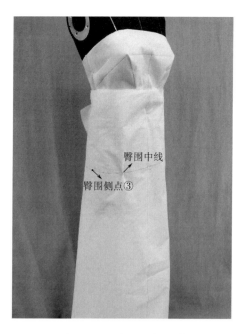

图7-18　固定臀围侧点③

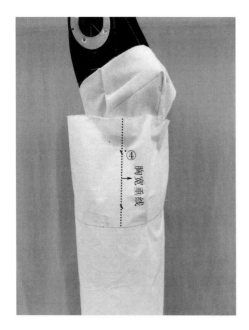

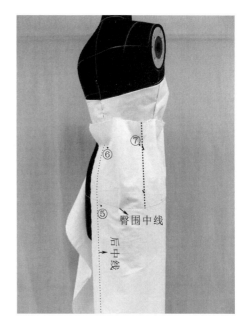

图7-19　固定右前裙身胸宽点④　　　　　图7-20　固定后中线点⑤、点⑥和背宽垂线点⑦

　　②确定并折别腰省。将前裙片腰部余量作为左、右各1个腰省量，省位确定在前中线与侧缝线中间位置，确定后，将前腰口两侧留出松量各为1.5cm，折别两侧前腰省，如图7-21所示。将后裙片腰部余量作为左、右各2个腰省量，后公主线处为第一省位，侧缝与公主线中间位置为第二省位，两省之间应保持经纱方向。确定省位后，将后腰口两侧留出松量各为1.5cm，分别折别两侧后腰省，如图7-22所示。将侧缝余量左右各确定1个侧腰省。确定后，将侧腰余量全部折进，理顺省缝折别固定，如图7-23所示。

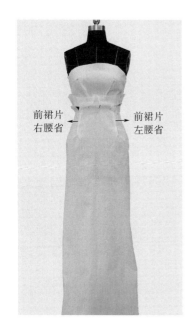

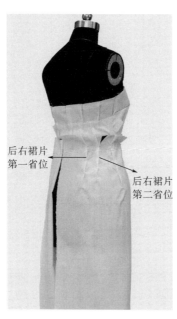

图7-21　确定并折别前腰省　　　图7-22　确定并折别后腰省　　　图7-23　确定并折别侧腰省

③完成第一部分裙片基础造型。在裙片的后中线保留4cm缝份向内折净，捋顺缝份，纵向等间距别针固定后中线，完成第一部分裙片基础造型，如图7-24、图7-25所示。

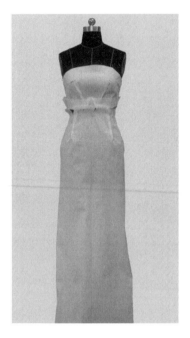

图7-24　完成裙片基础造型（正面）　　　图7-25　完成裙片基础造型（背面）

④贴标记带。根据款式要求，在第一部分鱼尾裙裙身上用标记带纵向贴出分割线的位置，注意标记线要圆顺流畅。从前腰围线中点沿着前中线向下量取63cm，用标记带横向贴出鱼尾造型的起始位置，如图7-26～图7-29所示。

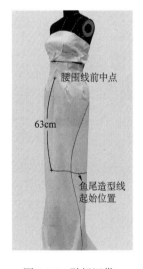

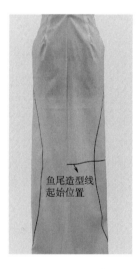

图7-26　贴标记带　　　图7-27　贴标记带　　　图7-28　贴标记带　　　图7-29　标记带
　　　（前侧）　　　　　　（背面）　　　　　　（后侧）　　　　　　（正面）

⑤制作后裙片分割造型。取下固定在左后腰省上的固定针，左后裙片腰口留出1.5cm松

量，将腰部余量推移至左后裙片臀部轮廓线标记线处，保持腰口平整，重新固定左后裙片的后中上点，如图7-30所示。在标记线下方留出2cm缝份，修剪多余面料，完成左后裙片造型，如图7-31、图7-32所示；采用相同的方法对称完成右后裙片造型（平面效果以左后裙片为准）。

后裙片臀部轮廓线

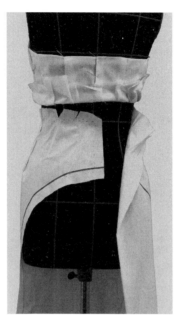

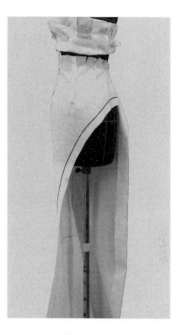

图7-30　转移腰省　　　　　图7-31　修剪左后裙片（背面）　　　图7-32　修剪左后裙片（侧面）

⑥完成第一部分鱼尾裙。翻下上衣片，沿上衣片下口净线与裙腰口挑别固定（上压下），完成第一部分鱼尾裙造型，如图7-33、图7-34所示。

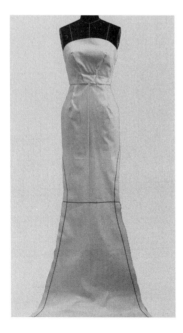

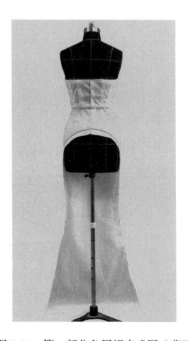

图7-33　第一部分鱼尾裙完成图（正面）　　　图7-34　第一部分鱼尾裙完成图（背面）

（2）制作第二部分鱼尾波浪裙。第二部分鱼尾波浪造型由两个波浪褶构成，制作方法如下：

①固定第二部分鱼尾裙用料。取面料D，将画好的经纱辅助线与人台的后中线对齐，将布面上的十字点对齐后中线与第一部分鱼尾裙分割线的交点，并在十字点偏左1cm双针固定，沿着后中线向上捋顺面料D，并在后中上作临时固定。由于布料面积较大，可将布料的另一侧提起，使布面平整，如图7-35所示。

②贴标记带。将面料D搭别在第一部分鱼尾裙上，沿着第一部分鱼尾裙的分割标记线在第二部分鱼尾波浪裙身上用标记带作标记，至鱼尾造型的起始位置，如图7-36所示。

③完成第一个波浪褶。分割线外侧留出3cm缝份，沿缝份将面料剪开至距鱼尾造型的起始位置2cm处，如图7-37所示；继而转向鱼尾造型的波浪褶转折点，打斜剪口，如图7-38所示；以波浪褶转折点为中心，将剪开的面料向下旋转，旋转产生的褶的大小由造型决定，整理底摆，完成第一个波浪褶造型，如图7-39所示。

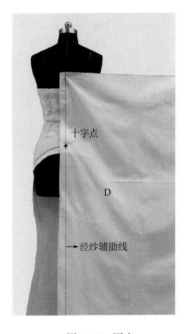

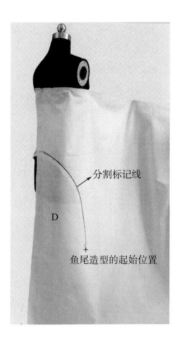
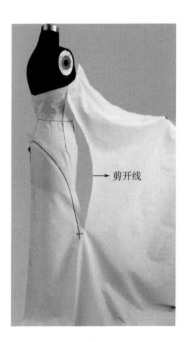

图7-35　固定	图7-36　贴标记带	图7-37　沿分割线剪开

④完成第二个波浪褶。继续在波浪褶转折点处，以波浪褶转折点为中心，将剪开的面料向下旋转，并理顺底摆，完成第二个波浪褶造型。注意两个波浪褶的褶量尽可能保持均匀，如图7-40所示。

⑤修剪波浪褶余料。第一、第二波浪褶造型确认满意后，留出3cm缝份修剪分割线和底摆的波浪褶余料，注意底摆边缘按照款式要求圆顺修剪，如图7-41所示。

⑥折别分割线。沿着第一部分鱼尾裙片标记的分割线将第一、第二部分鱼尾裙片折别固定，如图7-42、图7-43所示。

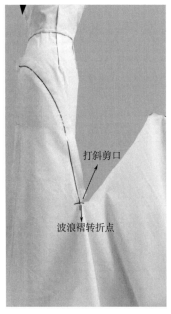
打斜剪口
波浪褶转折点

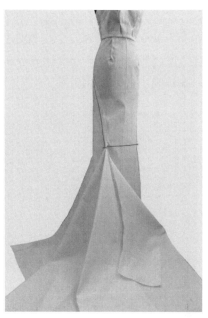

图7-38　打斜剪口　　　　图7-39　完成第一个波浪褶造型　　　图7-40　完成第二个波浪褶造型

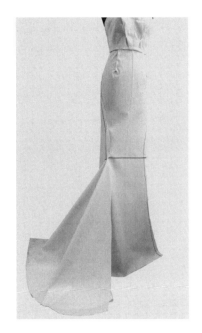

图7-41　修剪波浪褶余料　　　图7-42　折别分割线（正面）　　　图7-43　折别分割线（侧面）

⑦贴标记带及修剪。根据款式要求，在第二部分鱼尾波浪裙后片上标记分割线及4个波浪褶的位置，在分割线外侧留出2cm缝份，清剪余料，注意标记线要圆顺流畅，如图7-44、7-45所示。

（3）制作第三部分鱼尾波浪裙。第三部分鱼尾波浪造型由4个波浪褶构成，分别在①、②、③、④记号点位置，如图7-45所示。制作方法如下：

①固定第三部分鱼尾裙用料。取面料E，将画好的经纱辅助线与人台的后中线对齐，将布面上的十字点对齐后中线与第二部分鱼尾裙的分割线，并在十字点处双针固定，沿着后中线向上捋顺，并在后中线上作临时固定。由于布料面积较大，为使布面平整，可将布料的另一侧提起，如图7-46所示。

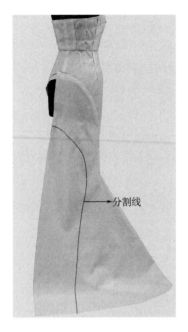

分割线

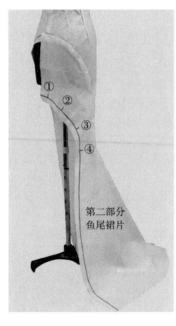
①
②
③
④
第二部分
鱼尾裙片

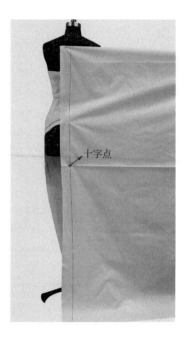
十字点

图7-44　贴标记带　　　　　　图7-45　修剪、做记号　　　　　　图7-46　固定

②制作4个波浪褶。在面料E上沿分割线十字点标记以上3cm处，水平剪开3cm并向下45°打斜剪口，裁至距记号点①位置0.5cm。以点①为中心，将剪开的面料向下旋转，旋转产生的褶的大小由造型决定，整理底摆，做出第一波浪褶，如图7-47所示；继续从剪口交叉点⑤处按照图7-47箭头所示方向剪进（少剪多修，避免剪缺）至标记点②处，将再次剪开的面料以点②为中心向下旋转，整理底摆，完成第二波浪褶，如图7-48所示。采用相同的方法，依次在点③和点④位置上完成第三、第四波浪褶。注意每个波浪褶的褶量尽可能保持均匀，如图7-49、图7-50所示。

③完成第三部分鱼尾波浪裙造型。观察三部分鱼尾波浪裙整体造型是否均衡、优美，有问题及时进行调整，确认效果满意后，留出3cm缝份，修剪裙片E余料，注意底摆边缘按照款式要求圆顺修剪。沿第二部分鱼尾波浪裙片标记的分割线将第二、第三部分鱼尾裙片折别固定。完成第三部分鱼尾波浪裙造型，如图7-51所示。

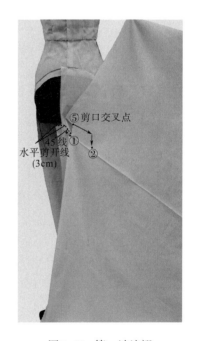
⑤剪口交叉点
①
②
45°线
水平剪开线
(3cm)

图7-47　第一波浪褶

图7-48　第二波浪褶

图7-49　第三波浪褶

图7-50　第四波浪褶

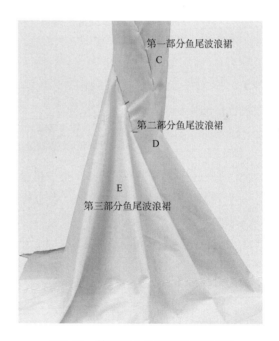

图7-51　第三部分鱼尾波浪裙完成图

（4）制作左侧鱼尾分割波浪裙。做好右侧鱼尾分割波浪裙片D、E所有的关键点的记号，标记后取下裙片，对各结构线进行平面修正，确认满意后，拷贝纸样完成左侧鱼尾分割波浪裙的平面结构，再将修正后的裙片穿于人台上，观察鱼尾波浪裙整体造型是否均衡、优美，有问题及时进行调整，完成鱼尾分割波浪裙整体造型，如图7-52～图7-54所示。

图7-52　鱼尾分割波浪裙（正面）　　图7-53　鱼尾分割波浪裙（侧面）　　图7-54　鱼尾分割波浪裙（背面）

（5）制作腰部装饰。

①贴标记带。根据腰部装饰造型特点在衣身上贴标记带，标记出装饰造型线的位置，如图7-55所示。

②翻折固定。取面料F，沿图7-56中EF线段进行翻折，呈图7-57所示的形状，翻折线EF作为装饰造型的下口。将翻折后的面料AC布边与EB布边的交叉点G点固定在侧缝线与腰围线的交叉点内①处，B点落在前中线上，固定点②处，如图7-58所示。

③叠褶裥。在右前衣身腰围线上初步折叠四个褶裥。折叠第一个褶裥，褶裥量约为26cm，褶边线经过右公主线与侧缝线在腰围线上的中点③，并双针固定点③，褶边线的下点④落在侧缝上，如图7-59所示。继续在腰围线上折叠第二个褶裥，褶裥量约为28cm，褶边线经过腰围线上的点⑤和褶边线的下点⑥处，点⑤距离点③为3cm，双针固定点⑤，如图7-60所示。接着折叠第三个褶裥，褶裥量约为20cm，褶边线经过腰围线上的点⑦和褶边线的下点⑧处，点⑦距离点⑤为3cm，双针固定点⑦，如图7-61

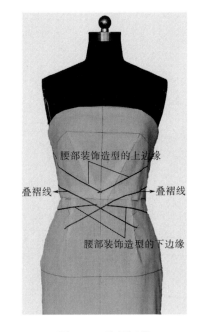

图7-55　贴标记带

所示。最后，折叠第四个褶裥，此褶裥需要沿标记方向向背折叠，形成约5cm宽的明裥。第四个褶裥的右侧褶裥量约为16cm，右侧褶边线经过腰围线上的点⑨和褶边线的下点⑩处，点⑨距离点⑦为2cm，双针固定点⑨。左侧褶裥量约为4cm，向内折叠，并固定，如图7-62所示。

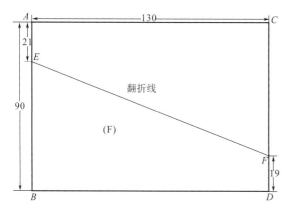

图7-56　示意图

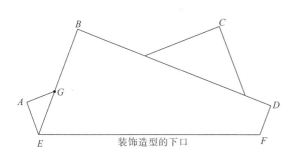

图7-57

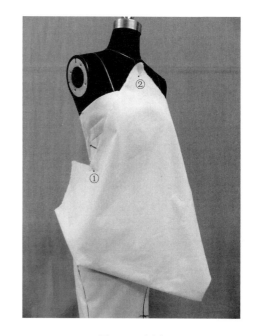

图7-58　固定

图7-59　叠第一个褶裥　　图7-60　叠第二个褶裥　　图7-61　叠第三个褶裥　　图7-62　叠第四个褶裥

④调整褶裥。全方位观察褶裥并进行调整，使每个褶裥的大小、方向及排列达到满意的效果，如图7-63所示。

⑤完成右侧腰部装饰造型。沿左侧腰部装饰造型的下边缘剪开至距第四个褶裥的左褶边线2cm处，确定⑪标记点，如图7-64所示。在点⑪处将下方面料的剪开线向内折转，如图7-65所示。按照款式要求，整理底边造型，确认右侧腰部装饰造型效果满意后，按照腰部装饰造型的上边缘和下边缘标记线，留出2cm缝份，修剪余料，折净缝份，完成右侧腰部装饰造型，如图7-66所示。

⑥完成左侧腰部装饰造型。做好右侧腰部装饰片的轮廓线及对位点，取下裁片进行平面修正，确认满意后，拷贝纸样完成左侧腰部装饰造型的平面结构，再将修正后的裁片放于人台上，观察整体造型是否均衡、优美，有问题及时进行调整，完成左侧腰部装饰造型，如图7-67所示。

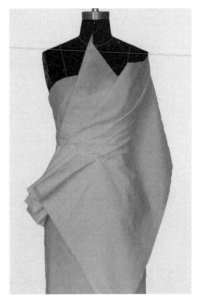

| 图7-63　调整褶裥 | 图7-64　沿标记剪开 |

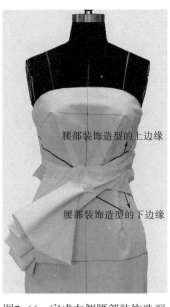

| 图7-65　整理底边造型 | 图7-66　完成右侧腰部装饰造型 | 图7-67　完成腰部装饰造型 |

4. 制作肩带

（1）取面料G，先将面料对折缝制成筒状，再翻正，折缝方法如图7-68、图7-69所示，最后按图7-70所示折叠整理肩带。

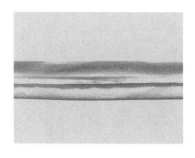
图7-68　对折缝合

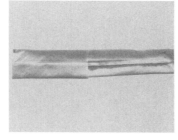
图7-69　翻正

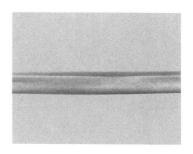
图7-70　折叠

（2）将肩带一端固定在后中线的腰口处，另一端由腋下绕至前身，跨过肩头，向下与抹胸后身上边缘固定。

5. 完成整体造型

观察调整造型，整体完成后的效果，如图7-71～图7-73所示。

图7-71　正视图

图7-72　侧视图

图7-73　背视图

6. 裁片

款式确认合适后，做好标记，取下衣片，进行平面修正，部分裁片展开如图7-74所示，全部样片拷贝纸样备用。

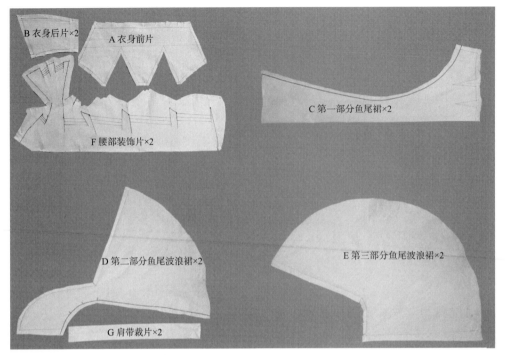

图7-74　裁片

第二节　环肩公主裙晚礼服

一、款式说明

如图7-75所示，此款礼服整体廓型夸张、有体量感、层次丰富，配以波浪褶裙，表现雕塑状的立体感。领部设计前后呼应，呈大V型，高耸落肩的形态更显女性颈部的修长、美丽、端庄；双层180°环形装饰对称环绕腰部，向外张开，呈蝴蝶造型，与肩部遥相呼应；裙身运用折叠法、波浪法构成立体裥和波浪褶的造型，每一个褶裥长短形态不一，自然下落，增加了礼服的装饰性与艺术表现形式。整体时尚而浪漫，生动又华美。

二、准备

1. 人台准备

按照款式要求，在人台上粘贴衣身上口的标记带，粘贴时注意保持中线两侧要尽量对称。衣前身上口轮廓

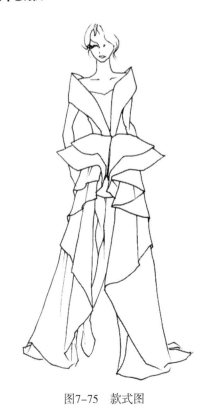

图7-75　款式图

线经由点①、②、③圆顺连接，点③为胸围线与侧缝线的交叉点；衣后身口轮廓线经由点③、④圆顺连接。如图7-76、图7-77所示。

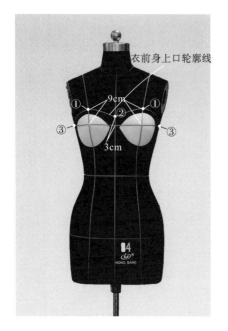

图7-76 贴标记带（正面）

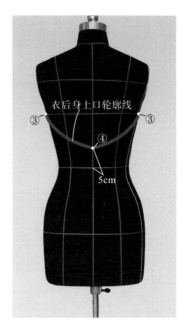

图7-77 贴标记带（背面）

2. 布料准备

准备大小合适的坯布，将布料烫平、整方，分别画出经纬纱向线，具体要求如图7-78所示。

三、操作过程与要求

1. 制作衣身前片

（1）固定衣身片用料。前中线取面料A，将画好的纬纱辅助线与人台的前中线对齐，在前中线的①点固定，沿着前中线向下将面料捋顺，使面料在腰部贴合人台，然后固定前中线的②点，如图7-79所示。

（2）固定前身片右侧缝。将面料腰部余量从中间向两侧推移，一边推移一边在腰围线以下的面料打剪口以保持腰部面料平服，腰围线处面料的松量为1.5cm，固定侧缝下点③，如图7-80所示。面料的上口不留松量，胸凸引起的余量推移至人台胸围线的下方，面料胸围线上方平整，胸围线上水平留1cm的松量，固定侧缝上点④，如图7-81所示。

（3）掐别前身片右胸省将胸部余量在胸围线下方全部掐进胸省中，临时别合（不留松量，也不能拉伸面料），面料侧缝线处留2cm缝份修剪侧缝，如图7-82所示。

（4）剪开胸省。沿右前身片胸部余量的中折线剪开，至距胸高点3cm处，留出1cm缝份，修剪省边线，如图7-83所示。

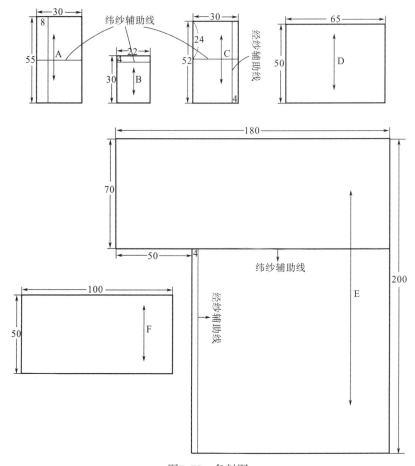

图7-78　备料图

A—衣身前片用料　B—衣身左后片用料　C—右侧内裙前片用料　D—右侧肩部造型用料
E—右侧波浪裙片用料　F—裙身装饰立体造型用料

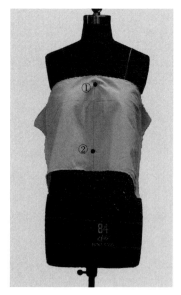

图7-79　固定前中线

图7-80　固定侧缝下点

图7-81　固定侧缝上点

图7-82 掐别胸省　　　　　　　　　图7-83 剪开省中折线

（5）别合右前身片胸省。向上折进胸部余量，理顺省缝，别合胸省，如图7-84所示。

（6）完成衣身前片。采用相同的方法对称完成左前身片（平面效果以右前身片为准）。根据轮廓线的位置，在衣身前片上口位置留出2cm缝份，修剪上口处多余面料，为保持上口折边线流畅圆顺，需在折边时打剪口。衣身前片下口至少留出3cm缝份，以方便裙身接合，衣身前片整体完成后的效果，如图7-85所示。

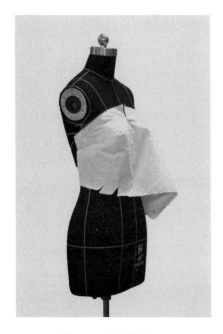

图7-84 折别胸省　　　　　　　　　图7-85 衣身前片完成图

2. 制作衣身后片

（1）固定左后身片。取面料B，将画好的纬纱辅助线与人台的后中线对齐，在后中线上点①固定，沿后中线向下将面料捋顺，使面料在腰部贴合人台，在后中线下点②固定，如图7-86所示。由于不通过肩胛突点，所以左后身片无须做省。腰围线以下面料斜向打剪口，从后中线向侧缝推平面料，腰部保留1.5cm松量，上口松量不宜过大，然后理顺面料固定侧缝，如图7-87所示。

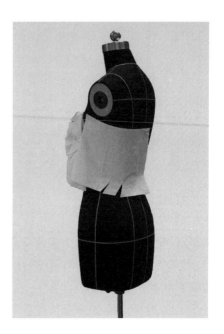

图7-86　固定后中线　　　　　　　　图7-87　固定侧缝

（2）修剪左后身片。根据款式要求，修剪左后身片四周余料，注意衣片后中线处保留4cm缝份，左后身片下口与前身片一样保留3cm缝份，如图7-88所示。

（3）完成衣身后片。采用相同的方法对称完成右后身片（平面效果以左后身片为准），折净后中线的缝份，在后中线上点①、中点②、下点③纵向别针固定。在侧缝处前压后圆顺接合前、后片，注意侧缝上点④用针为横向，方便折叠折边，将上口折边折净后完成造型，整体完成后的效果，如图7-89、图7-90所示。

3. 制作右侧内裙

（1）固定右侧内裙前片中线。取面料C，将画好的经、纬纱辅助线分别与人台的前中线与臀围线对合，在前中线左侧1~2cm处腰围线下双针固定上点①，臀围线下固定下点②，如图7-91所示。

（2）固定右侧内裙前片侧缝。保持面料纬纱线与臀围线一致，在臀围中间位置提取1cm横向松量，在侧缝标记线内侧双针固定臀围侧缝点。保持胸宽垂线方向为面料的经纱方向，右侧内裙前片由臀围线向上平推至腰围线，固定腰围处的侧缝点，如图7-92所示。中臀围部分侧缝并不服帖，如图7-93所示的位置①，这是合体裙侧缝的实际情况，需要在别合侧缝时做缩缝处理。

图7-88 修剪左后身片

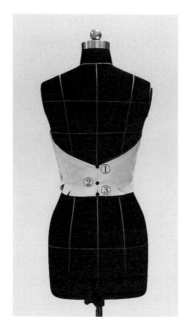

图7-89 完成图（背面）

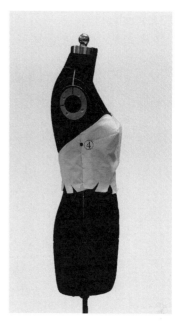

图7-90 完成图（侧面）

（3）确定腰省。将右侧内裙前片腰部余量分为两部分，公主线处设第一个省位，侧缝与第一个省中间设第二个省位。两省之间保持经纱方向，如图7-93所示。

图7-91 固定前中线

图7-92 固定侧缝

图7-93 确定省量

（4）折别腰省。裙片前腰口处留出松量1.5cm，折别腰省，别合腰口时切忌横向拉伸面料，以免腰口变形，如图7-94所示。注意腹部应保持约0.8cm的松量。

（5）完成内裙前片。在内裙前片侧缝、腰口处留出2cm缝份，剪去多余的面料，做好轮廓线及省位记号，完成右侧内裙前裙片。取下裙片，对各结构线进行平面修正，确认后，拷贝纸样完成左侧内裙前裙片，内裙前片整体完成后的效果，如图7-95所示。

图7-94　别合腰省

图7-95　内裙前片完成图

（6）完成内裙后片。采用与内裙前片相同的方法完成内裙后片，如图7-96所示。注意，图7-97中标示的后片侧缝缩缝位置②相对偏下，靠近臀围线，为保证别合侧缝时不错位，需要做好对位标记。别合侧缝时前片压后片，先别合臀围线处，再横别腰口净线位，然后对应缩缝区域作记号，等间距别合，如图7-97所示。

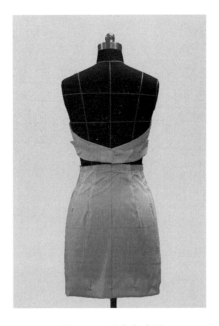

图7-96　后片完成图

图7-97　侧面完成图

（7）完成合体连衣裙造型。翻下上衣身片，沿上衣身片下口净线与内裙腰口挑别固定（上压下），扣折内裙底摆折边并固定，完成合体连衣裙造型，整体效果如图7-98 ~ 图7-100所示。

图7-98　完成图（正面）

图7-99　完成图（侧面）

图7-100　完成图（背面）

4. 制作肩部造型

（1）制作肩部右侧造型。

①固定肩部右侧用料。为实现挺阔平整的外观，先将面料D高温熨烫黏合衬2层，再将黏衬后的面料对折，按图7-101所示倾斜覆盖在肩部，面料的落肩点与手臂要保留约2cm的空间距离，以便活动灵活。确定好位置后固定前中线下点①和后中下点②，固定点①位于前中线与腰围线的交叉点，固定点②位于后中线与腰围线的交叉点，沿着前腰围线距点①约8cm，固定点③，如图7-102所示。沿着后腰围线距点②约8cm固定点④，如图7-103所示。

②贴标记带。根据款式要求，可以微调面料的倾斜角度，以满足造型的需要。在面料D上用标记带贴出肩部右侧造型的轮廓线，如图7-102、图7-103所示，肩部右侧造型的上轮廓线经由点①、⑤、②圆顺连接；肩部右侧造型的下轮廓线经由点③、⑥、④圆顺连接。从经过颈前中点的水平线与对折线相交的点⑦沿着对折线向上量取4cm，确定点⑤位置。从点⑤起沿着对折线向下量取16cm，确定点⑥位置。以上关键点确定好后，注意标记带标记的线条要圆顺流畅，如图7-102、图7-103所示。

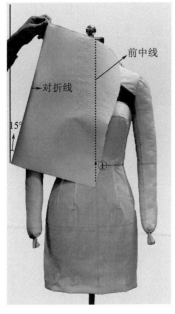

图7-101　固定

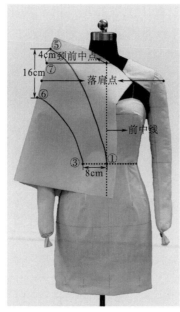
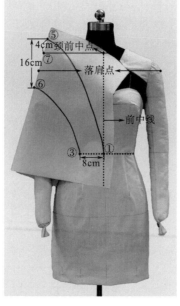

图7-102　贴标记带（正面）

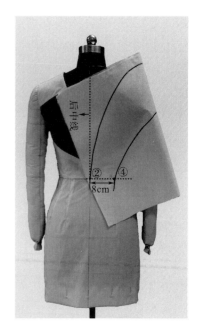

图7-103　贴标记带（背面）

③修剪。沿标记线修剪轮廓线，完成肩部右侧造型的立体效果。接着做好右侧肩部装饰的轮廓线及点①~⑥的对位点的记号，标记后取下肩部装饰片，对轮廓线进行平面修正，确认后拷贝纸样备用，如图7-104、图7-105所示。

图7-104　修剪（正面）

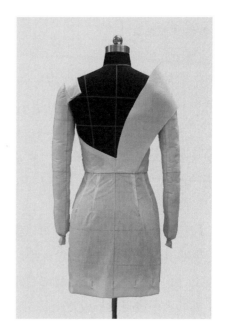

图7-105　修剪（背面）

（2）制作肩部左侧造型。按右侧装饰片拷贝左侧肩部装饰片样板，完成肩部左侧造型的平面结构，再将修正后的肩部装饰片别合在人台上，观察整体造型是否均衡、优美，有问题及时进行调整，完成肩部整体造型，如图7-106、图7-107所示。

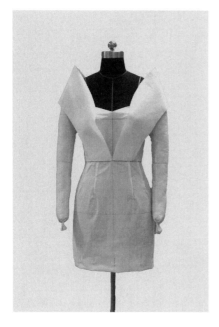

图7-106 肩部造型完成图（正面）

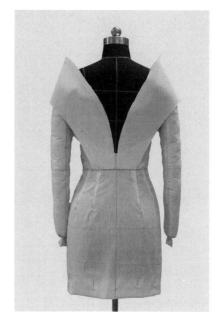

图7-107 肩部造型完成图（背面）

5. 制作波浪裙

（1）制作右侧波浪裙。

①固定右侧波浪裙用料。取面料E，将画好的经纱辅助线与人台的后中线对齐，纬纱辅助线与人台的腰围线对齐。后中线偏左1cm、腰围线下1cm处固定后中线上点①，沿着后中线向下捋顺面料，固定后中线下点②，固定点位于后中线偏左1cm的臀围线下方，如图7-108所示。

②制作第一个波浪褶。先沿面料标记的纬纱辅助线剪开至交叉点，再垂直向上沿经纱辅助线剪开至3cm处，接着水平向侧缝方向剪开至5cm处，打斜剪口至标记点③。标记点③即为第一个波浪褶的下落点，至距交叉点为6cm，如图7-109所示。以下落点③为中心，将剪开的上方面料向下旋转，旋转产生的褶的大小在臀围线处留出8cm褶量，整理底摆，完成第一个波浪褶造型，如图7-110所示。

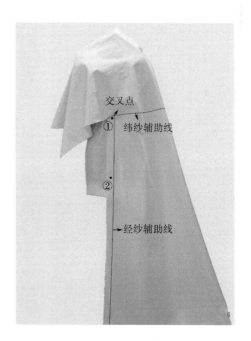

图7-108 固定

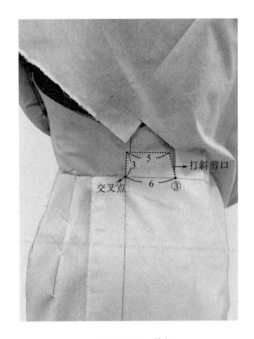

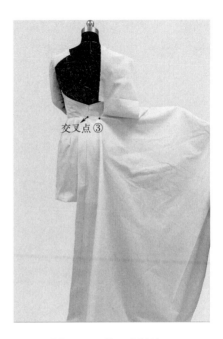

图7-109　剪切　　　　　　　　　　　　　图7-110　第一个波浪

③ 制作第二个波浪褶。理顺腰围线处的面料，使面料贴合人台，并标记腰围线以及标记点④。标记点④即为第二个波浪褶的下落点，距离点③为6cm，如图7-111所示。接着向第一个斜剪口侧上方向继续弧线剪进4cm（少剪多修，避免剪缺），打斜剪口至标记点④，如图7-112所示。以下落点④为中心，继续将上方剪开的面料向下旋转，旋转产生的褶的大小在臀围线处留出8cm褶量，整理底摆，完成第二个波浪褶造型，如图7-113所示。

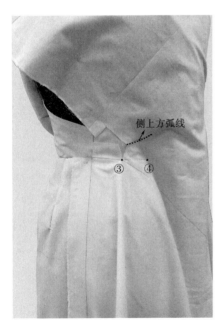

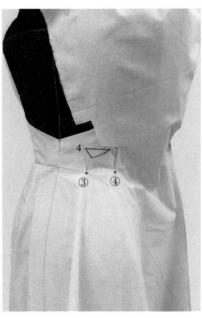

图7-111　做标记　　　　　　　　图7-112　打斜剪口　　　　　　　图7-113　第二个波浪

④ 叠褶。将剩余面料绕至人台正面并捋顺，从点④在腰节线上量取10cm，取点⑤固定，如图7-114所示。再以点⑤为翻折点，将布料向后中线方向翻折，如图7-115所示。接着以腰围线侧点⑥为翻折点，将布料向前中线方向翻折，形成第一个褶裥，如图7-116所示。同样的方法，在腰围线上确定点⑦为第二个褶裥的翻折点，点⑦距点⑥为9cm，固定点⑦，如图7-117所示。折叠第二个褶裥，第二个褶裥折边线距离第一个褶裥折边线为2.5cm，并固定折边线与腰围线的交叉点⑧，如图7-118所示。从点⑧沿着腰围线向前中线量取9cm，定点⑨，如图7-119所示。以点⑨为翻折点，折叠第三个褶裥，使其折边线与第二个褶裥折边线之间保持2.5cm，并定点⑩，点⑩为第三个褶裥折边线与腰围线的交叉点，如图7-120所示。为方便操作，可以粗略修剪腰围线上方及前身裙的多余面料，如图7-121所示。接着将波浪裙前身面料留出4cm缝份向内折叠，净边线距前中线为3cm，如图7-122所示。

图7-114　固定标记点⑤

图7-115　翻折

图7-116　第一个褶裥

⑤ 修剪。腰口上方留出2cm缝份，清剪腰口余料。根据款式要求，对最外层褶裥的长度贴标记带，标示出最外层褶裥的长度和形态，以便于准确修剪，如图7-123所示。然后逐一对第二、第三褶裥的长度及形态进行调整，确认满意后修剪余料，如图7-124所示。

⑥ 折别腰口。沿上衣下口净线与右侧波浪裙腰口挑别固定（上压下），完成右侧波浪裙，如图7-125所示。

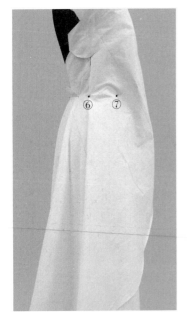

图7-117　固定标记点⑦

图7-118　第二个褶裥

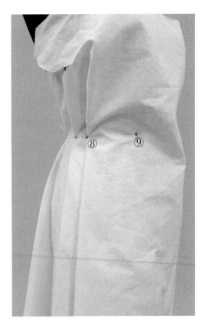

图7-119　固定标记点⑨

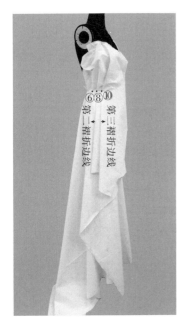

图7-120　第三个褶裥

图7-121　修剪

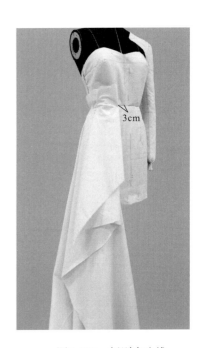

图7-122　折别净边线

（2）制作左侧波浪裙。做好右侧波浪裙片所有的关键点的标记号，标记后取下裙片，对各结构线进行平面修正，确认满意后，拷贝纸样完成左侧波浪裙的平面结构，再将修正后的裙片穿于人台上，观察整体造型是否均衡、优美，有问题及时进行调整，完成波浪裙整体造型，如图7-126、图7-127所示。

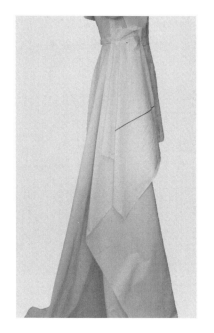

图7-123　贴标记带

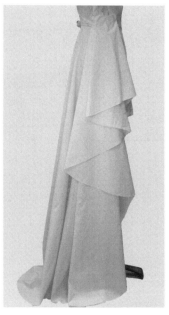

图7-124　修剪底摆

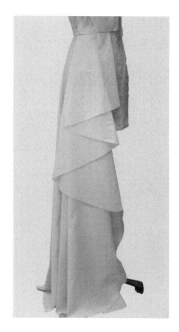

图7-125　折别腰口

图7-126　完成图（正面）

图7-127　完成图（背面）

6. 制作裙身装饰立体造型

裙身装饰立体造型分为两层，呈递进关系，制作时应由内向外，步骤如下：

（1）制作内层左侧装饰立体造型。

① 取面料F，将布边F_1F_2向下量下落11cm至F_3F_4，形成的阴影面积为向内折转布边的面

积；取F_3F_4的中点O，以O为圆心，10.5cm为半径作180°度半圆BAC；沿B点、C点垂直向上延长画线至布边D点、E点，形成弧线DAE，沿弧线留出缝份2cm，挖去内圆，裁成如图7-128所示的平面形状。

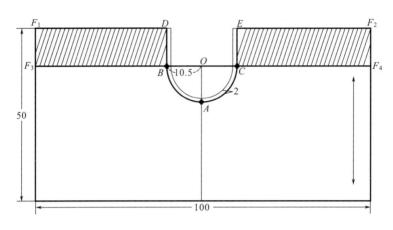

图7-128 示意图

② 装饰片定位。为了造型挺阔平整，将备好的面料F黏衬。在布面的环形内口上留出2cm缝份，"十字"标记中心点A、折转点B、折转点C作标记点，并画出折转线BF_3、CF_4。将A、B、C三个标记点分别对齐人台的腰围线与侧缝、前中线、后中线相交点，且横别固定，如图7-129所示。

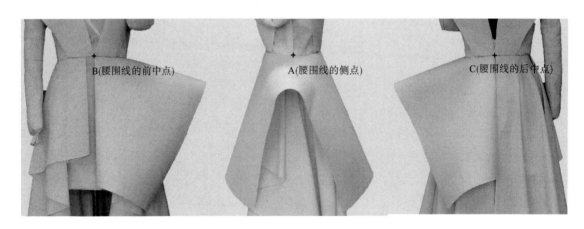

图7-129 定位

③ 确认造型。为了使对合的腰口圆顺流畅，需要在面料F的环形内口上打斜剪口。沿着折转线BF_3、CF_4将余料向内折转，折净装饰片上口后等间距与衣身折别固定，如图7-30~图7-132所示。

④ 装饰片贴标记带。根据款式要求，用标记带在布面上标记左侧内层装饰片下口形状，如图7-133~图7-135所示。

图7-130　固定（正面）

图7-131　固定（侧面）

图7-132　固定（背面）

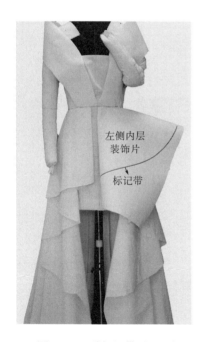

图7-133　贴标记带（正面）

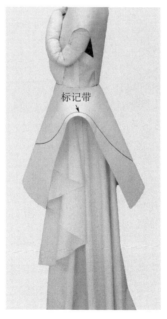

图7-134　贴标带（侧面）

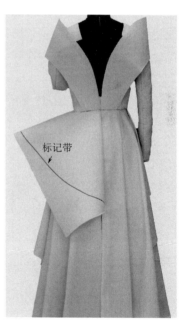

图7-135　贴标记带（背面）

⑤ 修剪装饰片。沿标记线修剪左侧内层装饰片下口，完成内层装饰片的立体效果。做好左侧内层装饰片的轮廓线及对位点的记号，取下装饰片，进行平面修正，确认后拷贝纸样备用，如图7-136～图7-138所示。

| 图7-136 修剪（正面） | 图7-137 修剪（侧面） | 图7-138 修剪（背面） |

（2）制作内层右侧装饰立体造型。

拷贝左侧内层装饰片样板，完成右侧装饰立体造型的平面结构，再将修正后的内层装饰裁片别合于人台上，观察整体造型是否均衡、优美，有问题及时进行调整，完成内层装饰整体造型，如图7-139、图7-140所示。

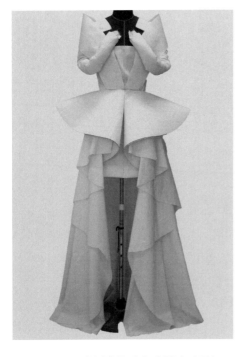

图7-139 内层装饰片完成图（正面）　　　　　图7-140 内层装饰片完成图（背面）

（3）制作外层装饰立体造型。

根据内层装饰片立体造型的平面结构尺寸，将其宽度缩减约7cm，完成外层装饰立体造型的平面结构，再将修正后的外层装饰裁片别合于人台上，观察整体造型是否均衡、优美，有问题及时进行调整，完成外层装饰整体造型，如图7-141、图7-142所示。

图2-141　外层装饰片完成图（正面）

图7-142　外层装饰片完成图（背面）

7. 完成整体造型

观察调整造型，整体完成后的效果，如图7-143～图7-145所示。

图7-143　正视图

图7-144　侧视图

图7-145　背视图

8. 裁片

款式确认合适后，做好标记，取下衣片，进行平面修正，部分裁片展开如图7-146所示，全部样片拷贝纸样备用。

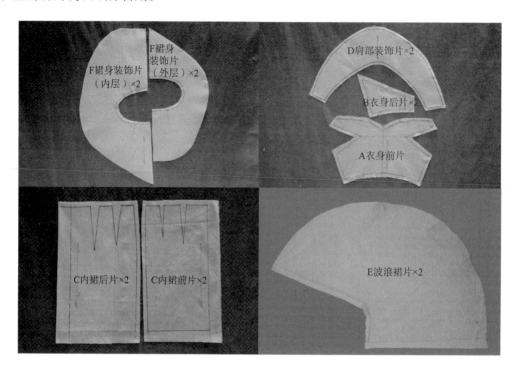

图7-146 裁片

第八章 婚礼服的立体裁剪

现代婚礼服设计呈现国际化、多样化趋势，其造型设计除了对裙摆样式的追求外，对上衣身样试的设计也追求简洁美观、细节独特的效果。简洁而精致的上衣和饱满的裙摆是当代婚礼服的标志，常见的无袖婚礼服，充分体现了穿着者的体态美。此外，更能突显穿着者迷人体态和优雅气质的鱼尾婚礼服，将简洁与性感发挥到极致，在设计上颠覆了传统的X型，裙摆呈A型，充分展现了女性S型的身体线条，同时对腰臀部也有较好的修饰效果。本章介绍弧形褶裥曳地式婚礼服和层叠式婚纱礼服的立体裁剪。

第一节 弧形褶裥曳地式婚礼服

一、款式说明

如图8-1所示，此款婚礼服为低胸内置裙撑长裙，在层次变化的外轮廓线中兼容疏密不同的褶皱宽窄变化。胸部采用弧线造型的褶裥装饰，折线精致且富有立体感。腰间纵向分割使上衣身贴身合体，后背中线穿带装饰，可调节胸围大小，前衣身与长裙的分割线对称呈尖角状，后衣身呈水平状协调着整体比例。长长的裙摆拖到地面，整个裙子分为三层长短、宽窄不一的造型，每层也分别运用了褶皱疏密的变化，层次感较强。裙身装饰花的设计增添了奢华感。整件服装将褶皱的疏密、线条的曲直、装饰的繁简协调地融合在一起。

二、准备

1．人台准备

按照款式要求在人台上贴标记带，标明造型线的设计位置，注意关键点的定位及线

图8-1 款式图

的走向。前衣身上口轮廓线的中点①距胸围线7cm，衣身上口轮廓线的侧点②距袖窿底3cm，后衣身上口点③、④距胸围线2cm，点③、④之间的距离4cm，确定好点①、②、③、④的定位后，将此四点圆顺连接；前衣身下口轮廓线的中点⑤距腰围线9cm，衣身下口轮廓线的侧点⑥距腰围线3cm，后衣身下口点⑦、⑧距腰围线2cm，将点⑤、⑥、⑦、⑧定位后，圆顺连接，如图8-2~图8-4所示。

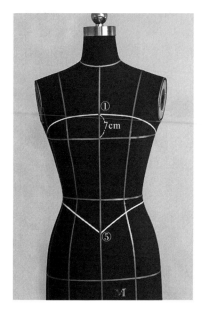

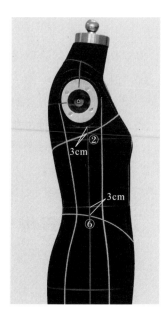

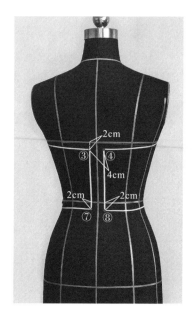

图8-2　贴标记带（正面）　　　　图8-3　贴标记带（侧面）　　　　图8-4　贴标记带（背面）

2. 布料准备

准备大小合适的坯布，将布料烫平、整方，分别画出经、纬纱向线，具体要求如图8-5所示。

三、操作过程及要求

1. 制作衣身前片

（1）固定前中片。取面料A，将画好的经纱辅助线与人台的前中线对齐，固定前中线的上点①，沿前中线向下捋顺面料，使腰部贴合人台，固定前中线的下点②。面料上口不留松量，胸围线处留出约0.5cm松量，在面料A腰围线处留出约0.5cm松量，固定分割线下点⑤和下点⑥，固定分割线上点③和上点④，如图8-6所示。

（2）修剪前中片。在面料A胸围线、腰围线处留出大约0.5cm松量，按照款式要求，在前中片上标记造型线的位置。根据造型线的位置修剪前中片，注意下口至少留出3cm缝份，以方便三层裙片的分层梯次接合，如图8-7所示。

（3）固定前右侧片。在面料B上取中线画经纱辅助线，与人台的胸宽垂线对齐，面料B在胸围线、腰围线及袖窿处留出1cm松量，固定侧缝线上点④、下点⑤，分割线上点⑥、下点⑦。依照公主线与侧缝线修剪多余面料，在侧缝腰位及分割线处打开剪口，如图8-8所示。

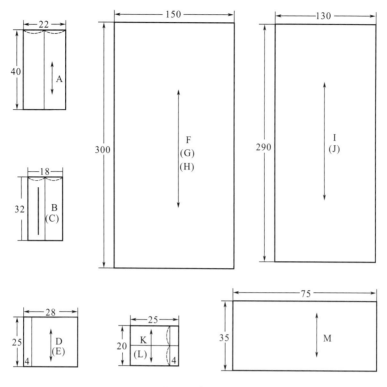

图8-5　备料图

A—衣身前中片用料　B、C—衣身前左、右侧片用料　D、E—衣身后片用料　F、G—裙身内层用料　H—裙身中间层用料
I、J—裙身外层用料　K、L—胸饰造型衬里布用料　M—扇状胸饰用料

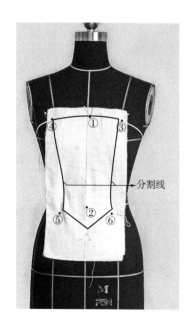

图8-6　固定

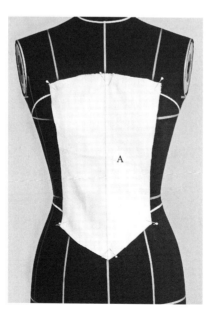

图8-7　修剪前中片

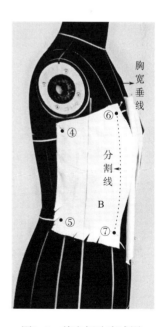

图8-8　前右侧片完成图

（4）完成前左侧片。取面料C，采用相同的方法对称完成衣身前左侧片（平面效果以右侧片为准），如图8-9所示。

（5）别合分割线。前中片两侧腰位打剪口后折净，与左、右前侧片别合。操作时先别和上、中、下三点，确定对应部位在各区域内都等长后再等间距别合，如图8-10所示。

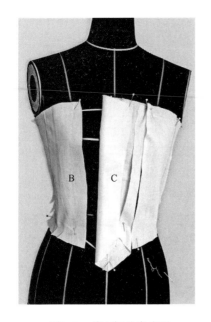

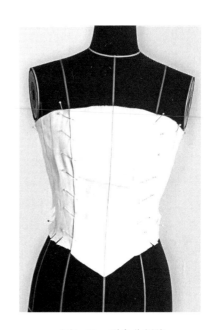

图8-9　前左侧片完成图　　　　　　　图8-10　别合分割线

2. 制作衣身后片

（1）固定后右片。在面料D上距边缘线4cm处标示的经纱辅助线与人台的后中线对齐，在后中线上点①处固定，沿后中线向下捋顺面料，使腰部贴体人台，在腰围线上经纱辅助线比后中线向左偏出0.7cm，固定后中线下点②。面料的上口留出约0.5cm松量，保持背宽线为经纱方向，背宽线与侧缝间留出少量松量，固定侧缝上、下点。上下止口线开剪口，需要剪至距标记线约0.5cm处，如图8-11所示。

（2）定腰省。后右片腰部留出1cm的松量，在公主线处掐出省量，腰位省缝打剪口，省缝向后中折进，别合固定（也可以做分割处理）。对称完成后左片。依照标记造型线剪去多余面料，下口与前片同样留3cm缝份。折净后中贴边，纵向别针固定，如图8-12所示。

（3）别合侧缝。前片压后片折别侧缝，折净前、后片的上止口线，注意侧缝的圆顺连接，如图8-13～图8-15所示。

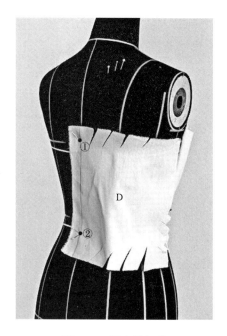
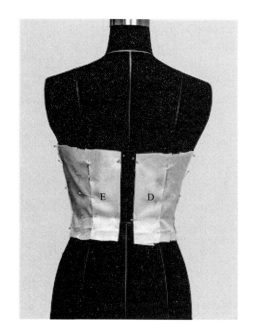

图8-11　固定并打剪口　　　　　　　　　图8-12　后片完成图

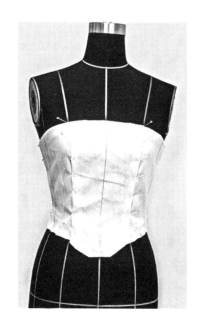
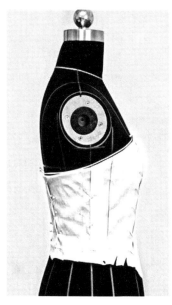
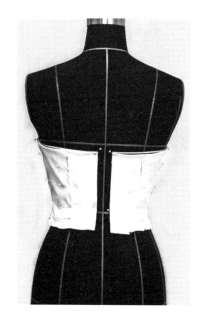

图8-13　完成图（正面）　　　图8-14　完成图（侧面）　　　图8-15　完成图（背面）

3. 制作裙撑

裙撑分为上、下两部分，其上、下接缝处与底边需穿入弹性好的钢条定型。如图8-16所示，取长200cm，宽100cm的里子布或者纱料制作裙撑上、下两部分。先在坯布的中线位置裁掉一个半径为30cm的小同心圆，再将上、下部分裙撑片按图示的尺寸裁剪，并且分别缝合侧缝，在距裙撑底边3cm处以及上、下部分裙撑接缝处止缝，接着在上、下部分裙撑面料重叠

3cm的正反面分别折进0.5cm毛边，缝合折进部位后，中间就形成了2cm宽的夹层。裙撑底边向内翻折3cm，毛边扣压0.5cm并缝合，形成2cm宽的夹层。最后分别从裙撑底边夹层以及接缝夹层的侧缝开口处穿入钢条，并绱腰头，腰头部分用3~4cm宽橡筋带连接，完成裙撑，如图8-17所示。

4. 制作波浪裙

波浪裙分为三个部分（三层），制作时应该由内向外，步骤如下：

（1）制作最内层波浪裙。

①准备布料。将面料F、G按图示8-18所示拼接成正圆，在拼接的正圆坯布中间裁去半径为20cm的小圆，将裁剪后的环形内口四等分后做记号，即①、②、③、④，平面形状如图8-18所示。

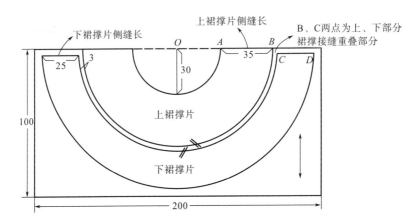

图8-16 裙撑面料、尺寸示意图

图8-17 裙撑完成图

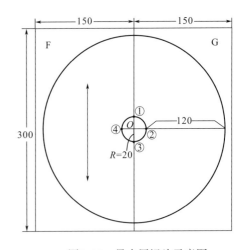

图8-18 最内层裙片示意图

②定位。在环形内口上大针脚平缝抽褶线后将内层裙片临时水平固定于人台上，裙片内环的记号①和③分别与衣身腰围前、后中心点对合，记号④和②分别与腰围的左右侧点对合，如图8-19所示。

③抽褶。将裙腰各部位抽缩量进行整理，使波浪分布均匀，如图8-20所示。

图8-19 定位

图8-20 抽褶

④确认造型。将最内层波浪裙沿前身腰下分割线贴标记线用手针串缝，进行第二次抽褶，如图8-21所示。

⑤修正造型。搭别衣身腰下分割线，按图8-21的标记线将裙上口多余面料剪去，折净裙上口与衣身折别固定（别合位置在衣身腰下分割标记线下约2cm处），如图8-22所示。

图8-21 确认造型

图8-22 修正造型

（2）制作中间层波浪裙。

① 准备布料。在面料H的长边*AB*
的中心点取圆心，以中心点*O*为圆心，
以30cm为半径画半圆并裁剪，将裁剪
后的环形内口四等分做记号，即点*C*、
D、*E*、*F*、*G*。根据款式图中间层裙片
前短后长、前方后圆的特征，在取料
时可提前将裁片加以裁剪修正，得到
阴影部分。平面形状如图8-23所示。

② 抽褶。将裙前身裁片的左侧缝
*AC*与裙后身裁片的左侧缝*DB*连接好，

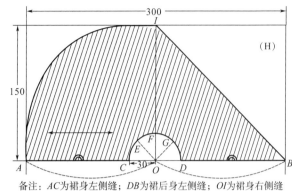

备注：*AC*为裙身左侧缝；*DB*为裙后身左侧缝；*OI*为裙身右侧缝

图8-23　中间层裙片示意图

在裙片环形内口上从左侧缝开始抽褶，然后将裙片内环的四个标记点*C*（*D*）、*E*、*F*、*G*分别
于衣身的腰节左侧点、前腰节中点、腰节右侧点、后腰节中点别合，再将各区域别合，外环
自然形成波浪状，如图8-24所示。

③ 确认造型。采用与最内层波浪裙确认、修正造型的相同方法，进一步对中间层波浪裙
进行调整和修正，使其整体协调、美观，注意裙身腰口别合位置略高于内层1cm，如图8-25
所示。

④ 完成裙片。根据款式图特征，将中间层裙片前中线向上提起，折叠两次固定于腰下分
割线下约30cm处，修剪底摆造型，完成中间层的制作，如图8-26所示。

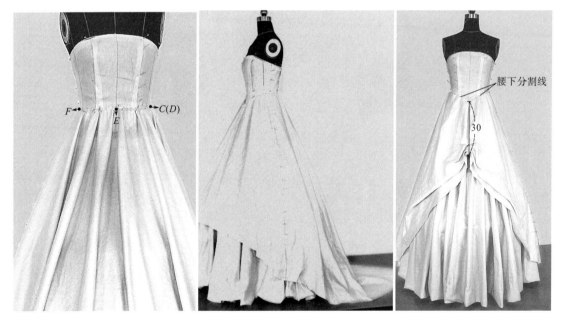

图8-24　抽褶固定　　　　图8-25　确认造型　　　　图8-26　整理造型

（3）制作外层波浪裙。

① 准备布料。将面料I、J拼接，分析款式图造型，将外层裙片裁成如图8-27所示的平面形状，内环半径为26cm的270° 圆，AD、BE、CF为侧缝，KL为前中心线，GH为后中心线。

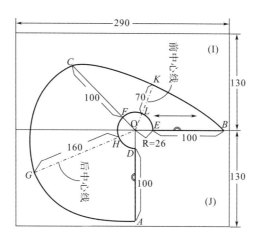

图8-27 外层波浪裙片示意图

② 完成裙片。将裁片的侧缝AD、BE连接好，从左侧缝开始抽褶，然后将裙片内环的四个标记点D（E）、F、L、H分别与衣身的腰节右侧点、腰节左侧点、前腰节中点、后腰节中点别合，再等间距别合，如图8-28所示。采用同前方法，按照衣身腰下分割板记线的位置，进一步调整、修正腰口造型，折净裙上口在衣身腰下分割标记线处与衣身折别固定，最后将裙片前中线向上提起，折叠后固定于中间层的立裆之上，修剪底摆，与中间层造型协调，如图8-29、图8-30所示。

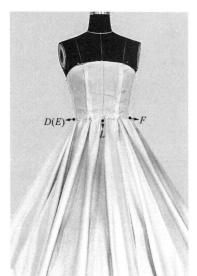

图8-28 抽褶固定

图8-29 完成图（侧面）

图8-30 完成图（正面）

5. 制作前身胸饰

前身胸饰由衬里布和扇状褶裥两部分构成。

（1）制作衬里。

①贴标记带。分析款式图，按照图8-31所示在前衣身上标明扇状造型线的位置，扇状造型上口轮廓线经由前衣身上口中点①、前衣身分割线上点②以及点③圆顺连接，扇状造型下口轮廓线经由点③、④、⑤圆顺连接。点③为扇状造型下口轮廓线与衣身侧缝交点，距离胸围线4.5cm。点④为扇状造型下口轮廓线与衣身分割线交点，距离胸围线5cm。点⑤为扇状造型下口轮廓线与衣身前中线交点，距离点①10cm。

②别合胸省。将面料K对正经纱辅助线后固定于人台上，做成贴体型衬里（与前衣身无间隙），衬里领口应低于胸饰领口1cm左右。胸部余量全部集中于胸高点下端作为胸省，注意位置应避开公主线，如图8-32所示。

③完成衬里。做好标记，取下衬里布，对称拷贝并剪出完整裁片。

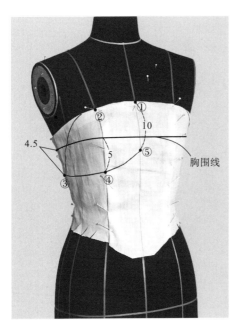

图8-31 贴标记带

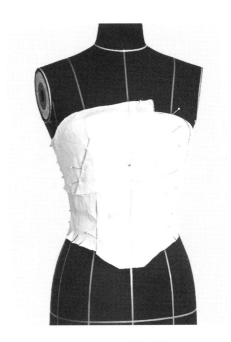

图8-32 别合胸省

（2）制作扇状胸饰。

①准备布料。测量前身胸饰衬里布对应的宽度约为50cm，根据扇状胸饰设计的褶裥数量与叠进量，确定扇状胸饰用料宽度为衬里布对应的宽度与1.5倍褶裥量之积，即扇状胸饰用料M=50cm×1.5=75cm。需要将面料M裁成如图8-33所示平面形状。外环线的确定，取扇状胸饰M布料的中点O，过O点作中线，并以O点为圆心画半圆，与扇状胸饰M布料相交于①、②、③点，过③点向下量5cm定点④，过点④修正外环线；内环线的确定是在半径36cm的半圆内裁去半径为11cm的同心半圆。

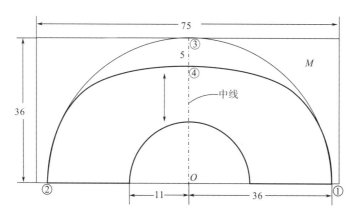

图8-33　扇状胸饰裁片示意图

　　②褶裥。根据款式图特征，左、右两侧分别向中心对称叠出7个褶裥，上止口控制间距3.5cm左右均匀折进，折进量约5cm；根据折边线的走向，由中间起依次折叠至下止口处褶裥，间距逐渐减小，折进量逐渐加大，用大头针理顺折边线，固定下止口。完成右侧造型，效果满意后做好记号，对称操作，折出左侧各褶裥。修剪下止口，扇状胸饰前中线角位对称打斜剪口，折净缝份后与衬里布挑别固定，上止口修剪余料，是否折净可根据个人喜好选择，如图8-34、图8-35所示。

图8-34　褶裥造型

图8-35　褶裥造型

6. 完成叠花造型

取适当长宽梯形状布条，从一边起均匀折叠，并在中心处固定；旋转布条使折叠自然散开成花朵状。也可取相同两布条，重叠起来折叠，尾端留出适当长度作为飘带装饰，如图8-36～图8-38所示。

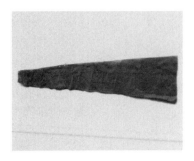

图8-36 梯形布料   图8-37 折叠固定   图8-38 旋转成型

7. 完成整体造型

固定装饰花朵，整体造型完成，全方位观察造型，整体完成后的效果，如图8-39～图8-41所示。

图8-39 正视图   图8-40 背视图   图8-41 侧视图

8. 裁片

款式确认合适后，做好标记，取下衣片，进行平面修正，部分裁片展开如图8-42所示，剩余大面积裁片在前文中以示意图的形式给出，在此不重复列出。全部样片拷贝纸样备用。

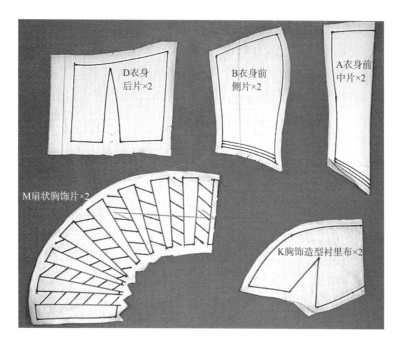

图8-42　裁片

第二节　斜形波浪褶层叠式婚礼服

一、款式说明

如图8-43所示，此款婚礼服的前胸部分是根据人体的曲线变化将一个个细褶有序排列连接而成，后背平整，有纵向分割。整体造型成X型，上身合体，下身膨胀，有重量感。设计以褶的形态为基本特征，将自然褶、规律褶、鹿胎缬纹小细皱褶相结合，统一中有变化，变化中有对比，突出款式的层次感。

二、准备

1. 人台准备

按照款式要求，在人台上装置胸垫，粘贴款式造型线。该款式前身造型线由L_1、L_2、L_3、L_4、L_5、L_6、L_7、L_8构成。L_1经由点①、点②、点③圆顺连接，点①为L_1与公主线的交叉点，距离胸围线为8.5cm，点②位腋下点，点③为L_1与L_2的交叉点，距离胸围线为2.5cm；L_2经由点⑤、点④、点③、点⑥圆顺连接，

图8-43　款式图

点⑤为腋下点，点④为L₂与公主线的交叉点，距离胸围线为7cm，点⑥为L₂与侧缝的交叉点，距离点②为8cm；L₃经由点⑦、点⑧、点⑨圆顺连接，点⑦为L₃与侧缝的交叉点，距离点⑤为9cm，点⑧为L₃与前中线的交叉点，距离胸围线为8cm，点⑨为L₃与侧缝的交叉点，距离腰节侧点为3cm；L₈为人台的腰围线下落6cm；L₄经由点⑩、点⑪圆顺连接，点⑩为L₄与侧缝的交叉点，距离点⑮为6.5cm；L₅经由点⑫、点⑬、点⑭圆顺连接，点⑫为L₅与侧缝的交叉点，距离点⑩为7cm，点⑭为L₅与前中线的交叉点，距离点⑪为7cm，点⑭为L₈左侧点；L₆、L₇与L₅平行，且等间距为7cm，如图8-44所示。采用与前身造型线相同的确定方法，确定后身造型线，如图8-45所示。

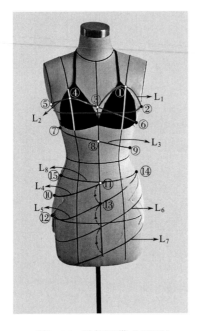 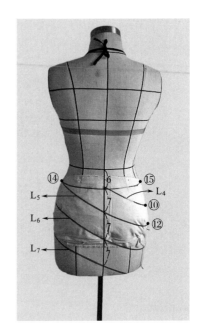

图8-44　贴标记带（正面）　　　　　　图8-45　贴标记带（背面）

2. 布料准备

准备大小不合适的坏布，将布料烫平、整方、分别画出经、纬纱向线，具体要求如图8-46所示。

三、操作过程及要求

1. 制作前衣身左胸片细褶

为了使褶的形态自然，面料A采用斜纱向约45°角。

① 褶的走向与前衣身左胸片上口造型线L₁相似，褶间距为2～3cm，向上提起2cm为褶量（褶的弧线不宜过大），理顺褶线用大头针固定，褶的固定位置为：人台的前中线、侧缝线，褶的中线，第一个褶完成。

② 采用相同的方法，捏出剩余的褶（4～5个）保持褶与褶在中线处褶间距为2cm左右。为了造型的别致，各褶的褶量可以不一样（以自己的审美为准）。

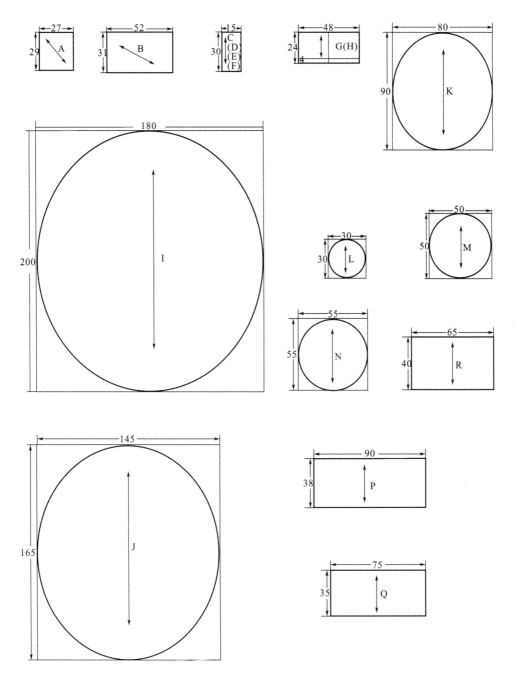

图8-46　备料图

A—前衣身左胸片用料　B—前衣身右胸片用料　C、D、E、F—衣身后片用料　G、H—衬裙前、后片用料　I—大波浪裙内层用料
J—大波浪裙中间层用料　K—大波浪裙外层用料　L—腰臀部波浪褶最上层用料　M—腰臀部波浪褶中间层用料
N—腰臀部波浪褶最下层用料　O—前身腰部细皱褶用料　P—裙身前片细皱褶用料　Q—裙身后片细皱褶用料

　　③ 为保证着装的稳定性，前衣身捏细褶左胸片上口不留松量，下口留半指松量（将铅笔插入，沿下口滑动，以不影响造型为宜）。前衣身捏细褶左胸片造型完毕后留出缝份，修剪四周的轮廓线造型，如图8-47所示。

由于规律褶的保型性较差，制作时面料需上浆或加衬胸垫，以牢固造型。

2. 制作前衣身右胸片细褶

面料B也采用斜纱向（45°），褶的走向与上口L_2造型相似，褶间距为1.5cm，褶量为1cm左右，共7~8个褶，与左胸形成肌理的对比。固定右胸与左胸交叉位置，松量要求与左胸相同，右胸造型要求加衬胸垫或面料上浆，如图8-48所示。

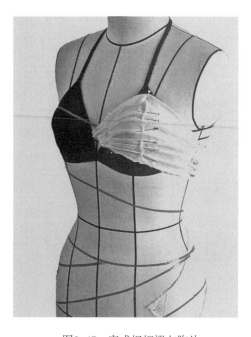

图8-47　完成捏细褶左胸片　　　　　　　图8-48　完成捏细褶右胸片

3. 制作前衣身腰部细皱褶

（1）抽缩定型皱褶。

需要先在面料R上距离面料边缘4cm确定不规则点的位置，然后用手针随意挑缝，3~5个点为一组，抽缩定型，制作细碎皱褶效果，如图8-49所示。

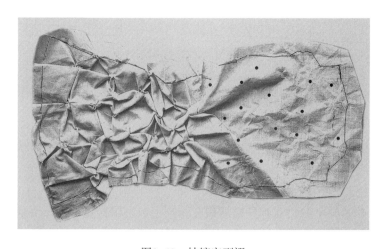

图8-49　抽缩定型褶

（2）别合前身衣片。

将做好细皱褶的R面料按照L₃线标记固定于人台，扣折R面料上口余料，与前衣身右胸片别合。别合时要保留前衣身片的自然褶皱。由于抽褶后的面料具有一定伸缩性，不需要特意留松量。抽细皱褶的R面料侧缝与下口留出2cm缝份后剪去余料，如图8-50所示。

4. 制作后身衣片

后身片分别在后中线和公主线位置有纵向分割，取面料C、D、E、F，参考第六节腰部蝴蝶结褶裥裙小礼服衣身后片的制作方法完成后衣片。别合侧缝时，建议后片在上（前片厚），并注意侧缝上、下点用针为横向方向。折净前、后衣片上、下口，侧缝部位上止口要圆顺，尤其是后片的上止口要贴体，基本无松量，腰部留出一指松量，如图8-51所示。

图8-50 别合衣片

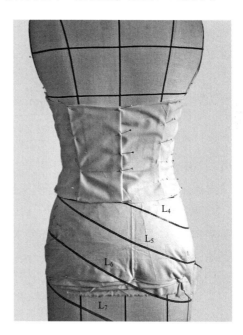

图8-51 完成后衣片

5. 制作紧身裙

该紧身裙是作为3层波浪装饰片的衬裙，造型为四省合体裙。制作时，取面料G，将画好的经、纬纱辅助线分别对齐人台的前中线和臀围线，腰围线下固定前中上点①，臀围线下固定前中线下点②。保持纬纱线与臀围线一致，在臀围中区两侧各掐取1cm横向松量，在侧缝标记线与臀围线交点内侧固定臀围侧点③。保持胸宽垂线位置为经纱方向，在胸宽垂线上由臀围线向上平推面料至腰围线，使胸宽垂线处的面料平顺，固定前腰围侧点④。在前腰口左、右各留松量1.5cm，在公主线处折别腰省，如图8-52所示。侧缝与腰口留出2cm缝份进行修剪。根据款式要求，紧身裙的底边线在人台标记的L₆线向上5cm处，且与标记线平行，保留2cm缝份，进行底边修剪，完成紧身裙前片造型，如图8-53所示。采用与紧身裙前片相同的方法，取面料H，完成紧身裙后片，如图8-54所示。翻下上衣片，沿下口净线与紧身裙挑别固定。

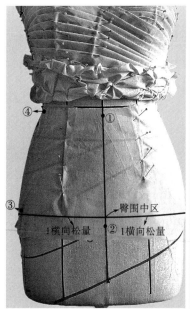 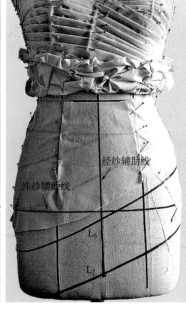 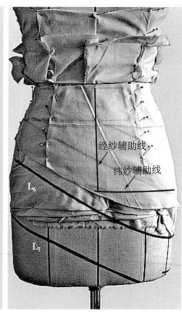

图8-52　固定　　　　　　　图8-53　紧身裙前片完成图　　　　　图8-54　紧身裙后片完成图

6. 制作裙前身细皱褶片

制作细皱褶片方法与前身腰部细碎皱褶相同。将定型的细皱褶坯布分为前裙身片P和后裙身片Q，折净前、后裙身片上口，保留上口褶量，分别与紧身裙的前、后片底边线别合相接。另外，面料P、Q大小不同，因为抽细皱褶时前身裙片细皱褶密集一些，后裙片细皱褶稀松一些。抽褶后后片应略大于前片，同样不需要松量，按照人台上标记带L_6和L_7区域修剪周围余料，注意下口留出4cm余料，以方便与裙身的三层梯次大波浪裙搭别，如图8-55、图8-56所示。

图8-55　裙后身细皱褶完成图　　　　　　　图8-56　裙前身细皱褶完成图

7. 制作大波浪裙

裙身细皱褶下面的大波浪裙摆造型，波浪裙摆分为三层，制作时应由内向外，步骤如下：

（1）内层大波浪裙。

① 如图8-57所示，将面料I裁成长径ab为200cm，短径cd为180cm的椭圆形，在裁好的椭圆内裁去长径ef为36cm，短径gh为24cm的小椭圆，小椭圆的中心位置在大椭圆长边的中心位置向左偏移5cm，这是由于造型设计分割位置形状的不对称，故被裁去的小椭圆的中心位置发生变化，这样才能使裙底边保持水平。

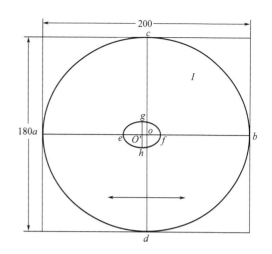

图8-57　内层大波浪裙示意图

② 将裁好的椭圆裙片套入人台，将坯布小椭圆的内环与裙身细皱褶片的底边在前、后、左、右四点搭别（重叠2cm），确认各区域长度分配均匀后，从右侧缝起等间距别合其他位置，全方位观察裙摆并进行调整，需要追加波浪褶量的位置可以适当将内环面料下落后别合，需要减小波浪褶量的位置可以适当将内环面料上提后别合（操作时注意避免拉伸），确认波浪均匀后，修剪内层大波浪裙上口，使缝份均匀（上口比分割线标记低2cm），如图8-58、图8-59所示。

图8-58　内层大波浪裙（正面）

图8-59　内层大波浪裙（背面）

（2）中间层大波浪裙。

① 取面料J，将面料J裁减成长径ab为165cm短径cd为145cm的椭圆形，中心裁掉的小椭圆的大小和中心位置同于内层大波浪裙，如图8-60所示。

② 采用相同的方法完成中间层大波浪裙，搭别时别合位置比内层高1cm，以方便操作，如图8-61、图8-62所示。

（3）外层大波浪裙。

① 取面料K，将面料K裁成长径ab为90cm，短径cd为80cm的椭圆形，中心裁掉的小椭圆大小和中心位置同于前两层波浪裙片，如图8-63所示。这一层波浪裙片为最外层，需要搭别确认，效果满意后沿标记折净，上口别合时要求盖住内层上口毛边。

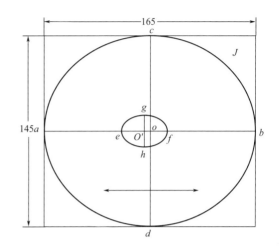

图8-60　中间层大波浪裙示意图

图8-61　中间层大波浪裙（正面）

图8-62　中间层大波浪裙（背面）

② 最外层大波浪裙为不对称裙摆，需先别出底边弧线形状，其中左侧最短部位长度不能小于15cm，确认满意后，修剪余料，如图8-64、图8-65所示。

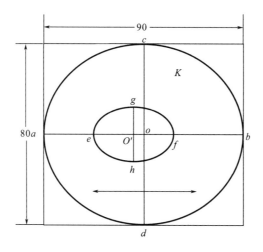

图8-63　外层大波浪裙示意图

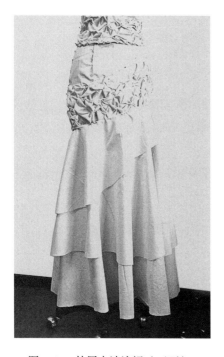

图8-64　外层大波浪裙（正面）

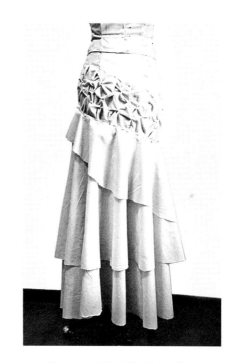

图8-65　外层大波浪裙（背面）

8. 制作腰臀部位三层波浪褶

（1）制作最下层波浪褶。

① 取面料N，将面料N裁剪成直径为55cm的圆形，中间裁去一个直径为29cm的小同心圆，小同心圆的周长为人台标记线L_6的弧长，平面形状如图8-66所示。

② 将剪成环形的面料沿半径线剪开，将环形内圈与紧身裙折别。需要先固定前、后、左、右四点，确认长度分配均匀后，由左侧缝开始，平行于标记线L_6等间距别合（操作时避免拉伸），圆形外环自然呈波浪状，图8-67所示。

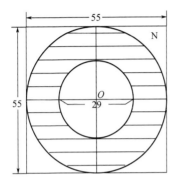

图8-66　腰臀部下层波浪褶示意图

图8-67　最下层完成图

（2）制作中间层波浪褶。

① 取面料M，将面料M裁剪成直径为50cm的圆形，然后按图8-68所示沿直径裁去一个椭圆形，椭圆周长为对应人台标记线L_5的弧长。平面形状如图8-68所示，环形的最宽处a取斜纱向，a宽度为人台右侧缝处L_5、L_6标记线的间距。

② 采用相同方法由左侧缝开始，将环形内口与紧身裙别合，环形外口自然呈波浪状，与标记线L_5位置一致，如图8-69所示。

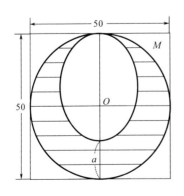

图8-68　腰臀部中间层波浪褶示意图

图8-69　中间层完成图

（3）制作最上层波浪褶。

① 取面料L，将面料L裁剪成直径为30cm的圆形，裁成与中间层相似的椭圆环状，环形内口与L_4标记线等长，如图8-70所示。

② 将最上层环形片与紧身裙L_4标记线别合，别合方法与中间层相同，整体完成后的效果，如图8-71所示。

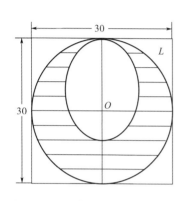

图8-70　腰臀部上层波浪褶示意图

图8-71　上层完成图

9. 完成整体造型

观察调整造型，整体完成后的效果，如图8-72、图8-73所示。

图8-72　正视图

图8-73　背视图

10. 裁片

款式确认合适后，做好标记，取下衣片，进行平面修正，部分裁片展开如图8-74所示，剩余大面积裁片在前文中以示意图的形式给出，在此不重复列出。全部样片拷贝纸样备用。

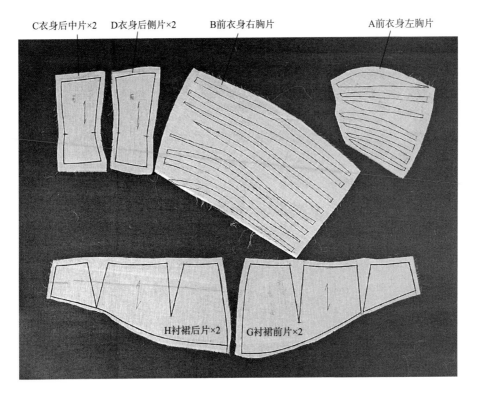

图8-74　部分裁片

第九章　表演服的立体裁剪

表演服作为礼服的一种类别，与其他礼服的区别之处在于其"功能性"。小礼服、晚礼服、婚礼服等通常都拥有各自具体的功能属性，穿着目的性也较强，在不乏创意的基础上，属于更倾向于大众的消费品。表演服作为欣赏性的服装，更注重强调其独创性、艺术性和人文性，彰显个性美，主要适用于舞台着装。本章介绍立领褶饰造型表演服和花卉造型表演服的立体裁剪。

第一节　立领褶饰造型表演服

表演服的造型一般都比较复杂且相对夸张，大多采用非对称设计。下面介绍的这款表演服，整体廓型具有中华民族韵味，线条流畅、丰富，配以披挂的波浪褶裙，演绎了民族服饰新概念。表演服造型、结构、工艺处理上要夸张得恰到好处，突破以往中式风格服装设计的沉重感。

一、款式说明

如图9-1所示，此款表演服采用高连身立领造型，斜向的装饰门襟，在左胸用盘扣连接，实用门襟留在右侧缝；腰部左边位置塑造立体皱褶，并做分割造型，可以与具有民族图案、色彩的面料相接，体现时尚中国风的新理念；左肩带出冒肩短袖；披挂的褶裙上以穿绳抽缩的方式达到在大波浪褶上出现细皱褶的效果，进一步丰富立体褶的层次。

二、准备

1. 人台准备

按照款式要求在人台上标明前中线L$_3$及斜门襟造型线L$_1$和L$_2$的适当位置，确保设计效果，注意点①～⑤的定位及线L$_1$～L$_3$的走向。点①在领口深约9.5cm，向

图9-1　款式图

前中偏出11.5cm处；点②距离右颈侧点为4cm；点③距离左颈侧点为1cm；点④距离前中线为5cm；点⑤、点⑥为L₃与左侧缝的交叉点，两点分别距离腰围线8cm、10cm，如图9-2所示。

2. 布料准备

准备大小合适的坯布，将剪好的布料烫平、整方，分别画出经、纬纱向线，具体要求如图9-3所示。

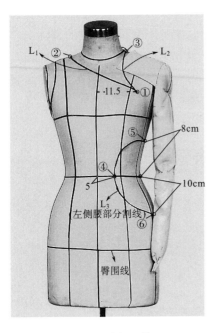

图9-2 贴标记带

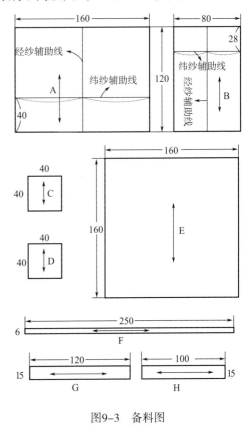

图9-3 备料图

A—衣身前片用料 B—衣身后片用料 C—衣身前片分割片用料
D—衣身前左片用料 E—裙片用料 F、G、H—布绳用料

三、操作过程及要求

1. 制作衣身右前片

（1）固定前衣片。取面料A，将画好的经纱辅助线与人台的前中线对齐，在颈根围线下固定前中线上点①，沿前中线向下捋顺面料，在臀围线下固定前中线下点②。保持纬纱辅助线与人台的臀围线一致，沿臀围线左、右两侧各留出1.5cm松量，在左、右臀围侧点固定点③、④，将上方面料捋顺，在人台肩部临时固定点⑤、⑥，如图9-4所示。

（2）抽褶。在面料A上沿左侧腰部分割线位置手针串缝抽出适当褶量，如图9-5所示。调整褶量、褶位与走向，使褶集中于正面，褶量相对均匀，呈放射状。褶位、褶量调整好后沿标记线内0.5cm重新抽褶固定，如图9-6、图9-7所示。

（3）清剪。在衣身前左侧收褶位沿分割线留出4cm，余料全部清剪，如图9-8所示。

（4）固定分割片。取面料C，将面料45°倾斜覆盖于分割线内区域，沿腰围线横向留出1cm松量，侧缝腰位打斜剪口，使腰部贴合，如图9-9所示。

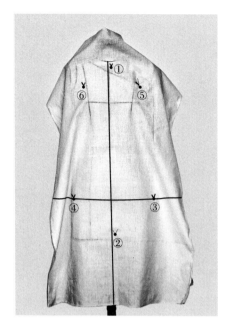

图9-4 固定前片

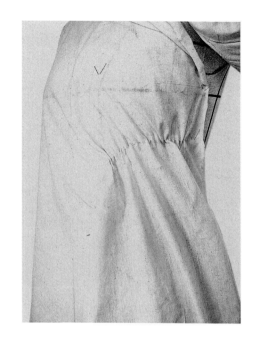

图9-5 串缝图

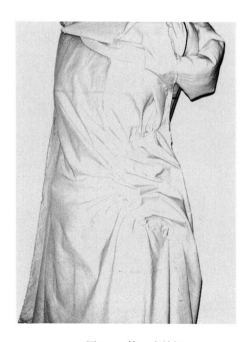

图9-6 第一次抽褶

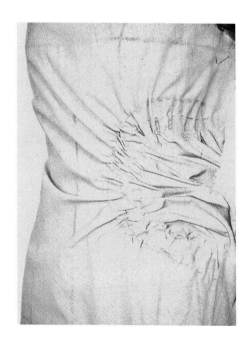

图9-7 第二次抽褶

（5）修剪分割片。沿腰部分割标记线l_3搭别分割片与前衣片褶位，标记线外侧留2cm缝份清剪余料，如图9-10所示。

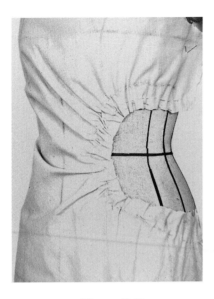
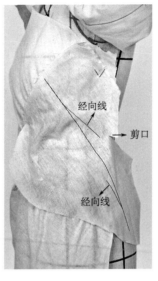
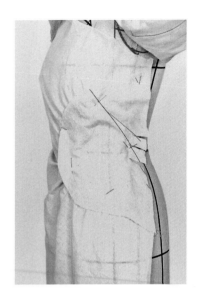

经向线

剪口

经向线

图9-8　修剪　　　　　　图9-9　固定分割片　　　　　图9-10　修剪分割片

（6）别合分割片。扣折分割片缝份后，与前衣片褶位先别合上、中、下三点，理顺折边后别合整条分割线，如图9-11所示。

（7）修剪衣身右前片。将前衣片左侧缝向上理顺，重新固定上点①。沿胸围线左、右侧缝处各留出1.5cm松量，固定右侧缝上点②。右袖窿留出1cm松量，固定右肩③点。留出2cm缝份后修剪左、右侧缝余料（腰部打几个小剪口）。沿臂根线修剪左、右袖窿，如图9-12所示。

（8）修剪衣身前片左门襟。前衣身片由上口沿前中线剪至距门襟标记线3cm处，转至左侧留3cm贴边修剪门襟，右侧为保证立领高度暂不修剪，如图9-12所示。

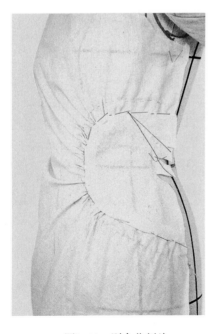
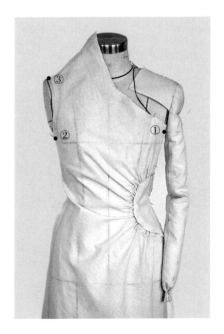

图9-11　别合分割片　　　　　　　图9-12　修剪前右片、左门襟

（9）叠领裥。衣身前片右肩位公主线处平行折出两个横向细裥，裥量均为1cm。固定裥后，自然形成连身立领造型，如图9-13所示。

（10）完成前右片。连身立领与左门襟顺接，别出右领止口，留2cm缝份修剪余料，按标记扣折缝份，完成前右片造型。如图9-14所示。

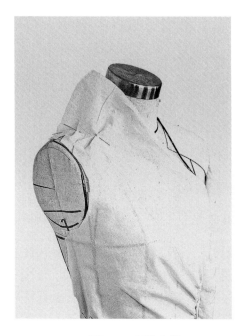

图9-13　制作立领

图9-14　完成右前片

2. 制作衣身后片

（1）固定后衣片。取面料B，底边与前衣身片平齐，将画好的经纱辅助线与人台的后中线对齐，固定后中线的上点①。沿着后中线向下捋顺面料B，要满足纵向吸腰量，在臀围线上固定后中线的下点②。将布片的纬纱辅助线与人台的肩胛线对齐，左、右背宽各留出1.5cm松量，固定两侧肩胛位背宽点③、④，如图9-15所示。

（2）固定侧缝。保持两侧背宽线为经纱方向，胸围、腰围、臀围处分别留出约0.7cm松量，固定侧缝上的点，胸围线处⑤点，腰围线处⑥点，臀围线处⑦点，并在臂根底部、腰部打剪口，如图9-16所示。

（3）后衣片折别腰省。左、右腰部各留出约2cm的松量，在公主线处对称捏出腰省做记号，然后将腰省折向后中线别合固定，如图9-17所示。

（4）修剪右袖窿。在衣片后袖窿处留0.7cm松量固定右肩点，沿臂根线修剪袖窿。

（5）别合后衣片肩省。将后衣片右侧肩部余量推至右后领口中线处，距颈根线约5cm处折别肩省，对称折别左侧肩省，使后片形成连身立领造型，如图9-18所示。

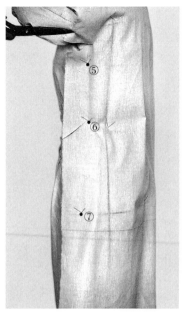
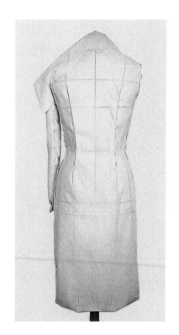

图9-15　固定后衣片　　　　　　图9-16　固定侧缝　　　　　　图9-17　折别腰省

（6）合右肩缝。前、后衣片右肩缝理顺、搭别，全方位观察领造型，确认满足后，分别标记轮廓线及定位点⑧、⑨、⑩并折别，如图9-19、图9-20所示。

（7）做袖。左侧袖，沿腋下臂根线清剪余料。捋顺左肩部位，大约在后袖窿深的中间部位做出冒肩袖，与袖窿连接处打剪口。根据款式要求，留出袖长度，留足袖肥，保证手臂平抬时的活动量，清剪余料，如图9-21所示。

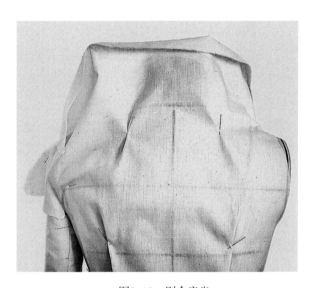

图9-18　别合肩省

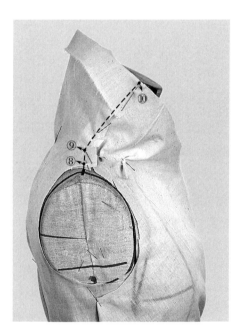

图9-19　合右肩

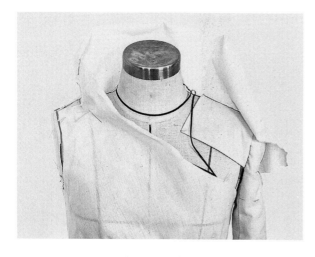

图9-20　立领正面图

图9-21　完成后袖

（8）做领。保证左后领片与左肩过渡自然，领高与右侧对称，修剪肩缝。

3. 制作前衣身左片

（1）固定前衣身左片。取面料D，使经纱向与人台的前中线平行，根据左侧领口造型线L₂临时固定，如图9-22所示。

（2）做前领。确定门襟造型，清剪余量，顺势与后领拼接，确定前领造型，如图9-23所示。

（3）做袖。捋顺左前肩部，留出前宽1cm活动量，袖肥参考后袖，袖长与后衣片平齐，如图9-24所示。

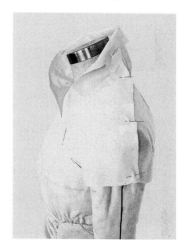

图9-22　固定前左片

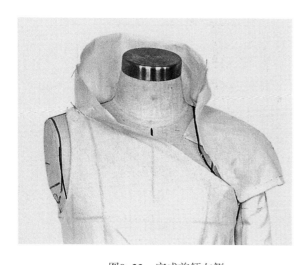

图9-23　完成前领左侧

图9-24　完成前袖

（4）固定门襟。图9-25所示的位置是装饰性门襟，根据款式要求，做盘扣连接固定。

4. 制作裙片

（1）剪小圆形开口。取面料E，并在图示位置剪出圆形开口，如图9-26所示。

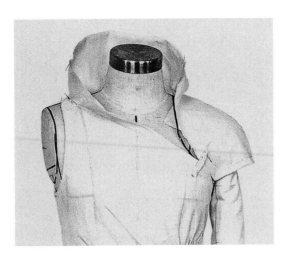

图9-25　固定门襟

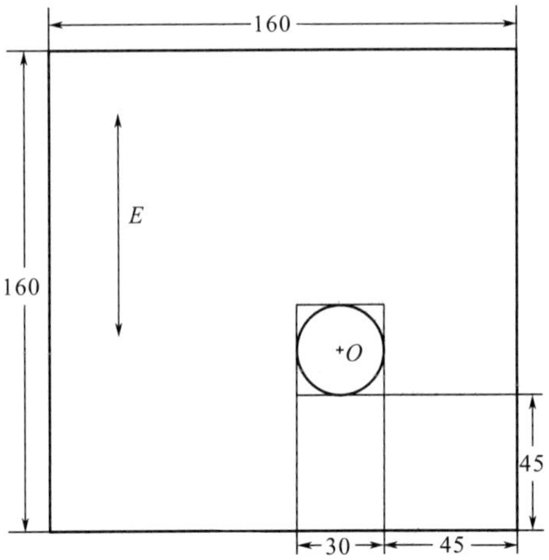

图9-26　裙片示意图

（2）搓布绳。取布条F、G和H，单向搓紧，然后从中间对折，自然反拧成绳状备用，如图9-27所示。

（3）穿布绳。将裙片沿图9-28所示的对角线对折，在距腰口线50cm处开3cm大扣眼，并用手针沿距对角线2.5cm平行串缝成筒状（腰口处提前折进2cm缝边）。如图9-29所示，将长布绳由扣眼穿入，从腰口穿出，长布绳在扣眼处固定，抽紧布绳至40cm长，将布绳固定于腰口，如图9-30所示。

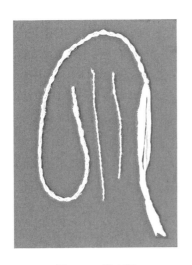

图9-27　搓布绳

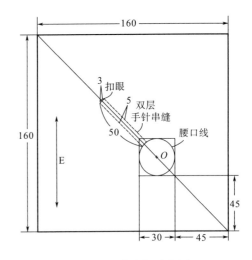

图9-28　穿布绳示意图

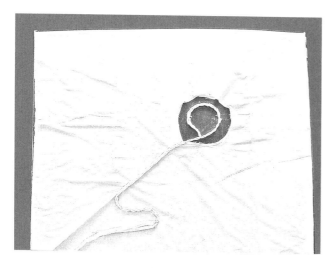

图9-29　展开图

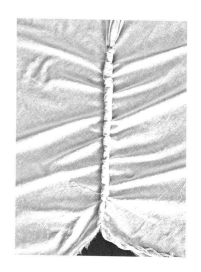

图9-30　完成图

（4）固定布绳。

①将裙片套入人台，长角在右前侧，调整布绳长度，如图9-31所示，使裙最高点位于腰围线与胸高点之间，如图9-32所示。布绳的另一端翻过左肩至后中线在腰口固定，如图9-33所示。

②细布绳上端与长布绳固定，下端分别固定在左后侧腰口，左前侧腰口，如图9-34所示。

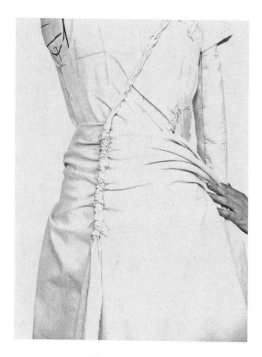

图9-31　调整裙位置

图9-32　固定布绳正面

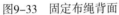
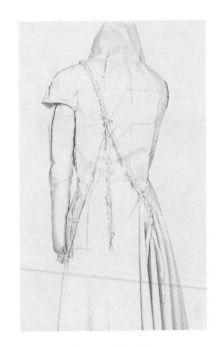

图9-33　固定布绳背面　　　　　　　　图9-34　固定细布绳

（5）确定裙底摆。整理裙腰口及底摆褶位与褶量，并根据效果图别出下摆位置，留足折边4cm，修剪余料。

5. 完成整体造型

观察调整造型，整体完成后的效果，如图9-35～图9-37所示。

图9-35　正视图　　　　　　　图9-36　背视图　　　　　　　图9-37　侧视图

6. 裁片

款式确认合适后，做好标记，取下衣片，进行平面修正，裁片展开如图9-38～图9-40所示，全部样片拷贝纸样备用。

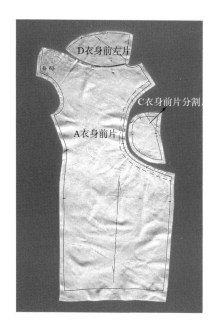

图9-38　前身裁片

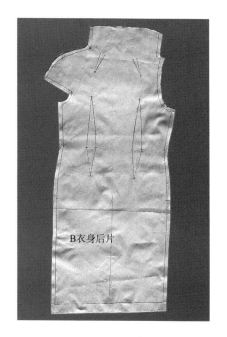

图9-39　后身裁片

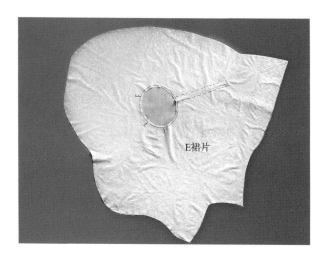

图9-40　裙裁片

第二节　花卉造型表演服

利用非服用材料进行表演服的立体裁剪，可以发挥更多的创意。下面介绍的花卉造型表演服，是以报纸为主要材料来完成塑型的。

一、款式说明

如图9-41所示，此款表演服运用各种特殊材质，创造出与材料相得益彰的造型形态。将报纸和纱的软体形态与硬性形态相结合，进行重复、渐变、密集等韵律构成，形成丰富的视觉效果。在制作技法上，通过折叠、穿插、分割、叠加、褶皱等立裁方法形成褶皱和自然波褶的立体效果，以数层相加层层覆盖的手法呈现一种花朵的层叠和蝴蝶飞舞的立体绽放之感。

二、准备

1. 人台准备

按照款式要求，在人台上标明造型线的设计位置，注意关键点点①、②、③的定位及造型线的走向，如图9-42～图9-44所示。

图9-41　款式图

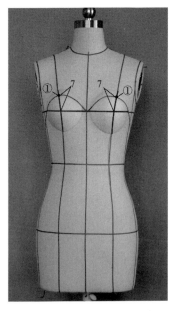

图9-42　贴标记带（正面）

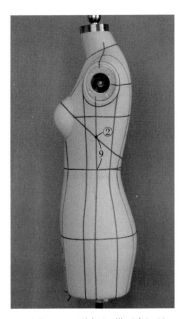

图9-43　贴标记带（侧面）

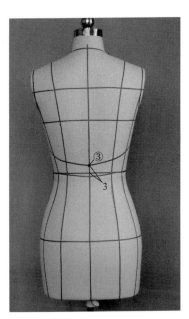

图9-44　贴标记带（背面）

2. 布料准备

准备大小合适的坯布，将裁好的布料烫平、整方，分别画出经、纬纱向线，具体要求如图9-45所示。

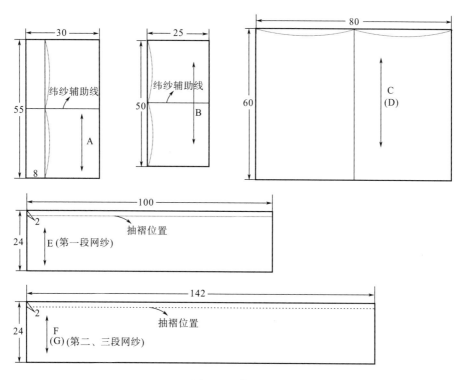

图9-45　备料图

A—衣身前片用料　B—衣身后片用料　C、D—衬裙前、后片用料　E—第一段网纱用料　F、G—第二、三段网纱用料

三、操作过程及要求

1. 衣裙

（1）固定前衣片。取面料A，将画好的纬纱辅助线对齐人台的前中线，固定前中线的上点①，沿着前中线向下捋顺面料，使腰部贴合人台，固定前中线的下点②。布片的经纱辅助线对齐人台的胸围线，胸围不留松量，从衣片上口的两侧由上而下将余量全部推至腰部，固定侧缝的上点③、下点④，如图9-46所示。

（2）修剪前衣片。如图9-47所示，衣片左、右腰部各留1.5cm松量，在公主线处折别腰省。按照人台的标记线，衣片四周留2cm缝份，修剪衣片上口、侧缝和腰部的余料。衣片上口为曲线造型，修剪时缝份要打剪口，以便折边折净时圆顺流畅。

（3）固定后衣片。如图9-48所示，取面料B，将纬纱辅助线比齐人台的后中线，理顺布料，固定后中线的上点⑤和下点⑥。衣片上口不留松量，理顺后固定两侧缝上的点。腰线以下打剪口，后衣片左、右腰部各留1.5cm松量，固定两侧缝下的点。

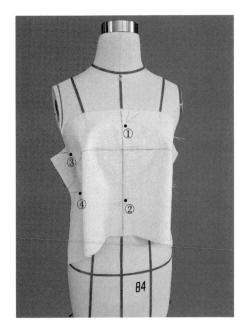

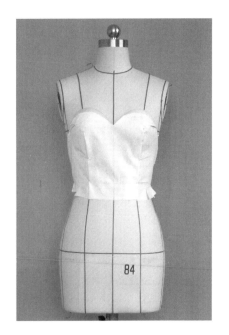

图9-46 固定前衣片   图9-47 修剪

（4）修剪后衣片。按照款式要求，后衣片四周留2cm缝份，修剪余料，如图9-49所示。

（5）别合侧缝。前衣片压后衣片折别侧缝，侧缝上点用针为横向，方便折叠折边，将前、后衣片上口折边折净后完成衣身造型，如图9-50所示。

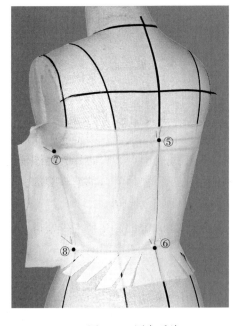

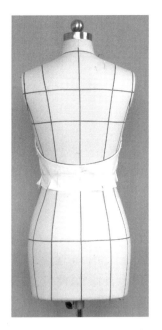

图9-48 固定后片   图9-49 修剪   图9-50 折别

（6）制作裙撑。

①制作裙撑底布。裙撑底布造型为大A字型裙。底边处用卷边缝形成通道，将鱼骨片串于其中，形成支撑造型。如图9-51所示，取长200cm、宽100cm的坯布（纱料），先在坯布的中线位置裁一个半径为30cm的小同心圆，再将裙撑底布侧缝AB和侧缝CD进行缝合，距裙撑底布底边3cm处止缝，将底布底边面料向内翻折3cm，毛边扣压0.5cm并缝合，形成2cm宽的夹层；然后从裙撑底布底边夹层的侧缝开口处穿入鱼骨片，并绲腰头，腰头部分用3~4cm宽橡筋带连接，完成裙撑底布，如图9-52所示。

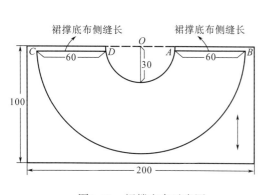

图9-51　裙撑底布示意图

图9-52　裙撑底布

②制作三段抽褶网纱。按照造型的需要计算网纱面料上所需抽褶的长度。网纱面料挺括，其抽褶量相对较小，不宜过密，收缩前的长度为成型长度的1.5倍。第一段网纱固定于腰围线，测量腰围长度为67cm，其所需抽褶线的长度约为100cm（67cm×1.5）；第二段网纱固定于距腰围线16cm处，测量对应长度为95cm，其所需抽褶线的长度约为142cm（95cm×1.5）；第三段网纱固定于距腰围线32cm处，测量对应长度为95cm，其所需抽褶线的长度约为142cm（95cm×1.5）。

取网纱E、F、G，在标示的抽褶的线的位置上进行抽缩缝制，串缝的针脚长度要一致，注意串缝的同时可抽缩布料以观察褶纹的造型效果，通过调整布料的抽缩长度或缝制轨迹达到最终美观的效果，如图9-53所示。将抽缩后的三段网纱覆于裙撑底布上，根据造型的需要疏密有致地理顺布纹并固定，如图9-54所示。

（7）制作内裙前片。如图9-56所示，内裙造型为斜裙，腰部无省道。取面料C，腰围线以上留出6cm，将面料的经纱辅助线对齐人台的前中线，固定前中线上点①。沿着前中线向下捋顺面料，臀围线下固定前中线下点②。将腰部余量从中间向两侧下方推移，一边推移一边打剪口，以保持腰部面料平整。左、右腰部各留1.5cm松量，固定腰围侧点③④，继续将余量推至底摆，固定臀围侧点⑤⑥，如图9-55所示。整理余量产生的自然波浪，确认效果满意后，留出2cm缝份，修剪裙腰口。修剪侧缝时上部留2cm，下部留5cm(为保持A造型)，自然过渡剪顺，完成斜裙前片造型，如图9-56所示（平面效果以右前片为准）。

（8）制作内裙后片。取面料D，采用相同的方法完成内裙后片造型（修剪侧缝时要求与前片对称）。前裙片压后裙片折别侧缝，侧缝线要顺直且位置不能偏移。沿水平方向做裙长记号，留3cm折边修剪裙底摆。腰口处翻下上衣，沿上衣下口净线与内裙挑别固定，内裙制作完成，如图9-57所示（平面效果以右后片为准）。

图9-53　抽褶

图9-54　固定裙撑

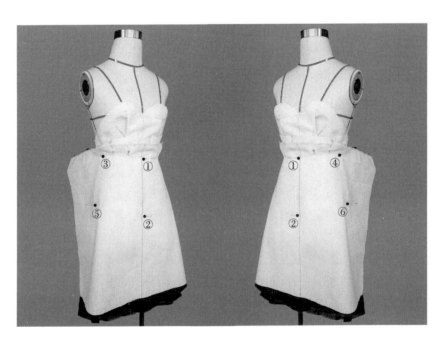

图9-55　固定

图9-56 内裙完成图（正面）

图9-57 内裙完成图（背面）

2. 制作裙身报纸装饰片

将大小不一的报纸通过折压、皱缩、旋转的造型方法，改变报纸的受力方向、位置和大小，让其产生多种状态的褶纹。然后将有褶纹的报纸在人台上进行疏密堆积排列，排列时要突出扇形花卉的装饰效果，以及体现形式的韵律感和节奏感，不同的排列摆放产生不同的装饰效果，如图9-58～图9-71所示。

图9-58 装饰片（一）

图9-59 装饰片（二）

图9-60 装饰片（三）

图9-61　装饰片（四）

图9-62　装饰片（五）

图9-63　装饰片（六）

图9-64　装饰片（七）

图9-65　装饰片（八）

图9-66　装饰片（九）

图9-67　装饰片（十）

图9-68　装饰片（十一）

图9-69　装饰片（十二）

图9-70　装饰片（十三）

图9-71　装饰片（十四）

3. 添加装饰纱

装饰纱分为内、外两层，富有节奏地穿插在报纸褶饰之中，既与报纸材质形成肌理质感对比，又增加了创意礼服的趣味性，丰富了创意礼服的细节。

（1）内层纱装饰片。对照款式特征，将纱不规则、疏密有致地分布在各个报纸褶饰之间，运用叠褶、堆褶等造型方法完成内层装饰纱的造型。通过不断地调试、整理，形成丰富的层次感、立体感，如图9-72~图9-76所示。

图9-72 胸部加纱　　　　图9-73 前裙身加第一层纱　　　　图9-74 左侧裙身加第一层纱

图9-75 右侧裙身加纱第一层　　　　图9-76 后片加第一层纱

（2）外层纱装饰片。继续在内层纱的基础上增加固定第二层纱，可以从不同的方向、位置、组合、层次等进行褶饰设计，使之呈现出具有疏密对比、明暗对比、起伏对比的生动的纹理状态，突出较强的立体造型效果，如图9-77～图9-80所示。

图9-77　前裙身加第二层纱

图9-78　右侧裙身加第二层纱

图9-79　左侧裙身加第二层纱

图9-80　后裙身加第二层纱

4. 完成整体造型

观察调整造型，整体完成后的效果，如图9-81～图9-83所示。

图9-81　正视图　　　　　　　　图9-82　侧视图　　　　　　　　图9-83　背视图

5. 裁片

　　款式确认合适后，做好标记，取下衣片，进行平面修正，裁片展开如图9-84所示，全部样片拷贝纸样备用。

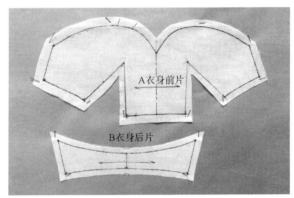

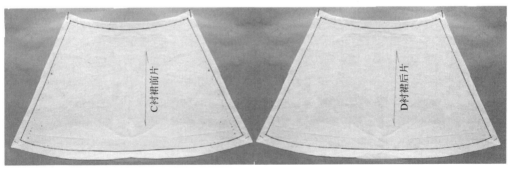

图9-84　裁片